打造女神級 完美曲線

Get in shape and get the curves!

伸展×按摩×姿勢回正

相良梢 著
Kozue Sagara
黃嫣容 譯

Contents

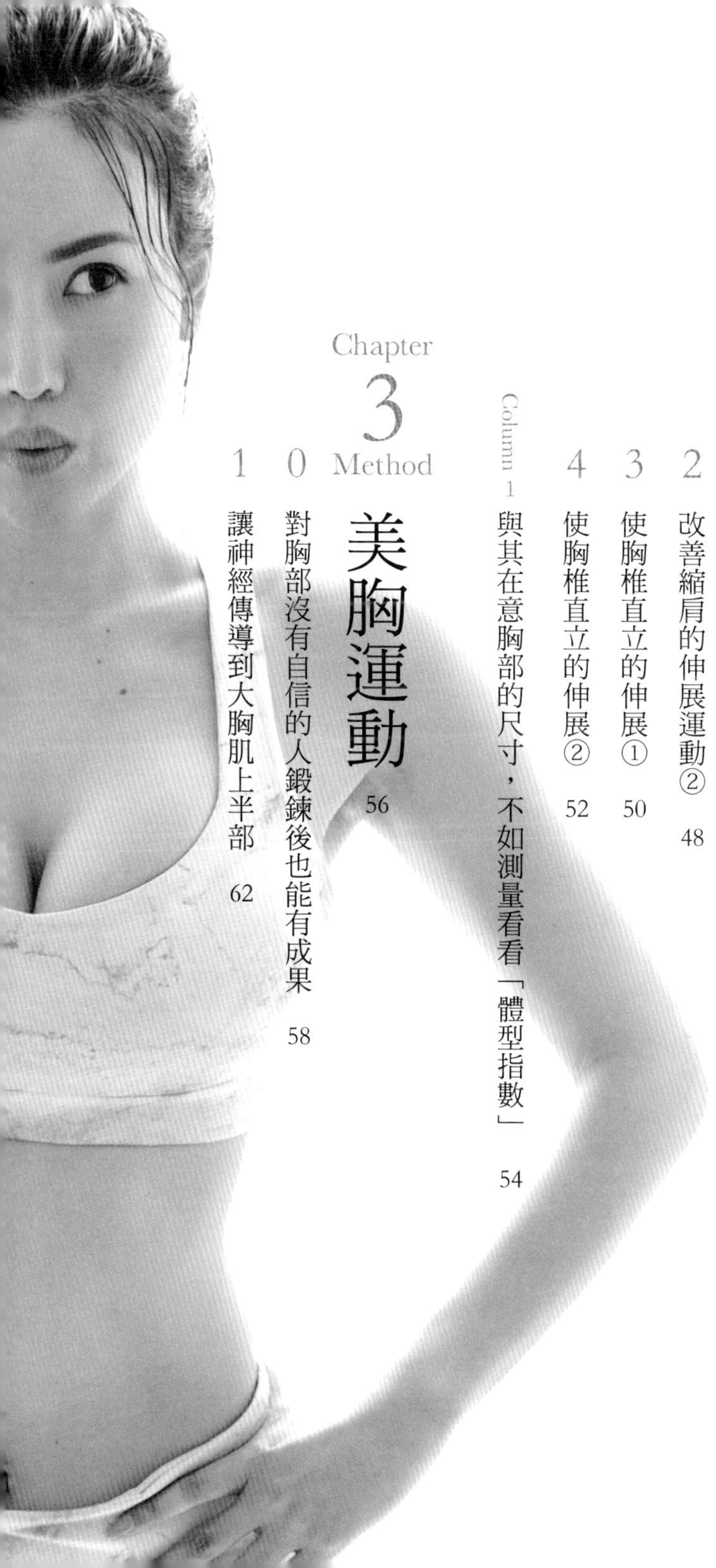

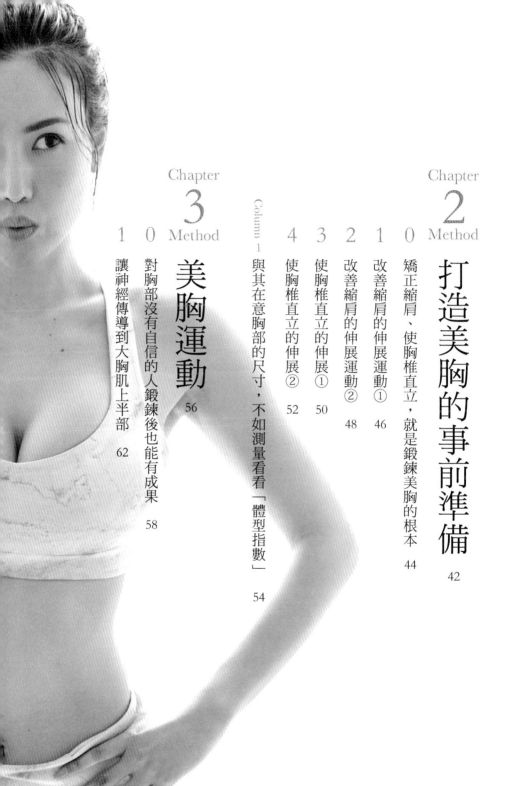

Chapter 4

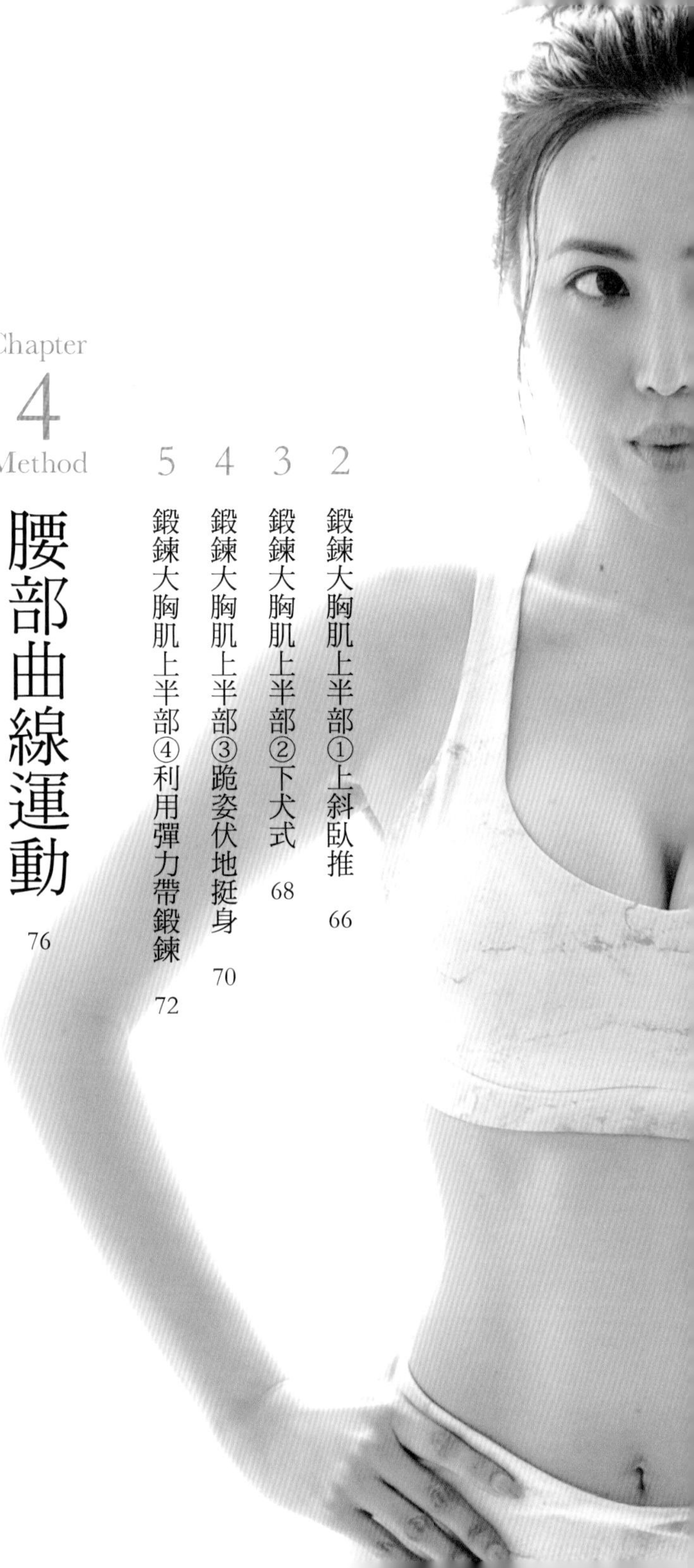

前言

不管妳是肥胖體型、纖細體型，或是胸部很小，
甚至有下垂傾向，
只要持續進行這個鍛鍊運動，就一定會改變！

大家好，我是私人健身教練相原梢。

我現在以從小生長的福岡為根據地，經營專門為女性設立的健身工作室，作為健身教練每天指導客人們如何打造優美身形。

成為健身教練大概約四年，慶幸的是健身課程的預約通常都已經滿到幾個月以後，也有許多從東京或是大阪來的學員。而我所在的根據地福岡，現狀就是比較難有機會為更多的人上課。

所以在這裡，我將自己設計的身型曲線運動課程集結成了一本書。如果大家能透過這本書一步步實踐，那我會非常開心。

本書中，首先先從矯正姿勢開始，為讀者調整每天因生活習慣而導致的身體歪斜。等身體的基礎回歸到原本正確的位置，就可以在這個身體上進行打造出凹凸有致、充滿女性曲線美必備的鍛鍊運動。

我的身體就如各位所見，並沒有六塊腹肌或是明顯的肌肉線條。但本書就是以「打造女性美感曲線」為目的，而不是以打造出肌肉之美為目的。以淺顯易懂的方式舉例，十分適合「嚮往寫真女星身材」的各位。

我的體脂肪率約是30%。三圍很容易變動，但最佳狀態是胸圍94、腰圍57、臀圍92。我知道，光以數字來看，在健身教練中我也算是特異人士吧？（笑）。

其實從健身學校畢業之後，我也曾到大型健身房參加健身教練的面試，

但幾乎都會被說「畢竟這職業是健身教練，所以體脂肪率要降到19％以下，還要增加肌肉量喔」。或是「體脂肪率太高的話，以健身教練來說太沒說服力了」。

的確是這樣，我也知道。不過並不是所有的女性都想追求體脂率低、肌肉量多的身體。總之拿我自己來說，我就比較希望成為充滿女性圓潤豐滿但又凹凸有致，比較性感的身材。

現在我的身體能夠如此地接近理想，就是不斷鍛鍊所累積的成果。

我常常看到非常勤奮鍛鍊肌肉、並努力攝取蛋白質，不顧一切就是為了讓體脂肪下降，藉此讓身材變得更骨感的女性，有時我會覺得「實在太浪費體脂肪了呀」。

雖然因人而異，但女性的胸部約有90％是脂肪。

對身形豐滿而想要變瘦的妳來說，無疑是個大好機會。請務必活用身體的脂肪，首先來進行打造「美胸」的運動吧。然後再接著打造不使胸部脂肪減少、使腹部周圍變得緊緻的「腰部曲線」，讓胸部和腰部產生出高低差。

胸部和腰部的高低差＝「曲線」，這就是給人充滿女性美感的重點之一。

我曾經在30歲時因為進食障礙使體重降到39kg，進入非常危險的狀態。那時候接受醫師的建議開始鍛鍊肌肉，也因為這個契機而開始去健身學校，到現在成為了我的職業。

此外，更往前推，我在17歲結婚並生產時因哺乳而使胸部下垂，讓我從那時開始就覺得自卑。

曾經我是那種身體不太健康，病弱又有情結的人，是透過健身鍛鍊才變得健康，同時讓我消除自卑感，並擁有了自己理想中的身體線條。

所以我想跟各位分享，無論妳是肥胖、瘦弱，還是胸部很小或下垂，都請千萬不要放棄。本書的內容即使是健身初學者也能輕鬆進行。不過，最重要的是要持之以恒。

不要放棄、持續鍛鍊，身體線條一定會有所改變。請每天一邊確認自己身體的變化，一邊享受健身運動的樂趣吧！

講師
アシスタント
女性ホルモン

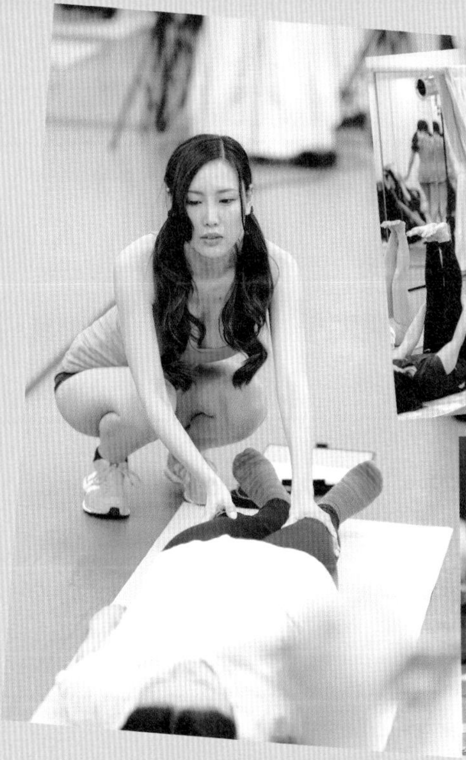

漂亮的身體線條
來自正確的姿勢

Chapter 1
打造基礎
Base Make

打造身體線條的第一步，
首先就從讓身體回歸到正確的姿勢開始。
如果直接以歪斜的身體開始，即使持續鍛鍊，
也不可能擁有漂亮的身體線條。

Base Make
Method 0

認識正確的＝美的姿勢

身體五個部位的位置呈一直線就是理想的姿勢

對女性朋友們來說，化妝是非常重要的。如果能畫出完美的妝容，一整天都能心情愉悅地度過。但是如果底妝的妝感很差，不管再怎麼努力地刷睫毛膏或上腮紅（胭脂）等，經常到最後還是會覺得哪裡怪怪的對吧？底妝要能漂亮地滲透到肌膚裡、呈現出充滿光澤的肌膚，首先最重要的是要讓肌膚變得漂亮。

這和塑造身體線條的道理是一樣的。如果身體歪斜、以不正確的姿勢直接開始鍛鍊，是不可能擁有美麗線條的。這麼一來，會使不想變胖的部分產生肌肉、造成受傷，很有可能會對身體帶來不良的影響。

為了不造成這樣的狀況，首先，在開始鍛鍊身體之前要先打好基礎。我實際開設的課程中，打造身體基礎是非常受歡迎的課程。對剛開始鍛鍊身體的初學者來說，透過在最開始徹底地打造身體基礎，就是擁有美麗線條的捷徑。而對一直有在鍛鍊身體的人來說，再次透過打造身體基礎，留意當天的身體變化，之後再進行鍛鍊時效果應該也會提升。

首先，就先來確認基本的「正確姿勢」吧。想要擁有漂亮的身體線條，正確的姿勢是最重要的條件（駝背的人是無法擁有漂亮的身體線條的！）。先站在全身鏡前，側身直立站好看看吧。從側面來看，耳朵（耳朵的位置）、肩峰（肩膀關節的前側）、大轉子（骨盆和大腿之間外側突出的地方）、膝蓋側面、腳踝前側如果能連結成一直線，那就是正確的姿勢。

即使如此，能完美連成直線的人，在十人之中不知道有沒有一人。每天都穿高跟鞋的人大多膝蓋會向前突出，生產後的人則大多會骨盆後傾而大轉子向前突出。此外，因過度使用手機或電腦而造成頸椎前彎的人頭部會向前突出。為了盡可能使身體接近筆直的姿態，請一定要記得每天都在鏡子前面

Base Make

Method 0

確認自己的姿勢。

①耳朵
②肩峰
③大轉子
④膝蓋側面
⑤腳踝前側

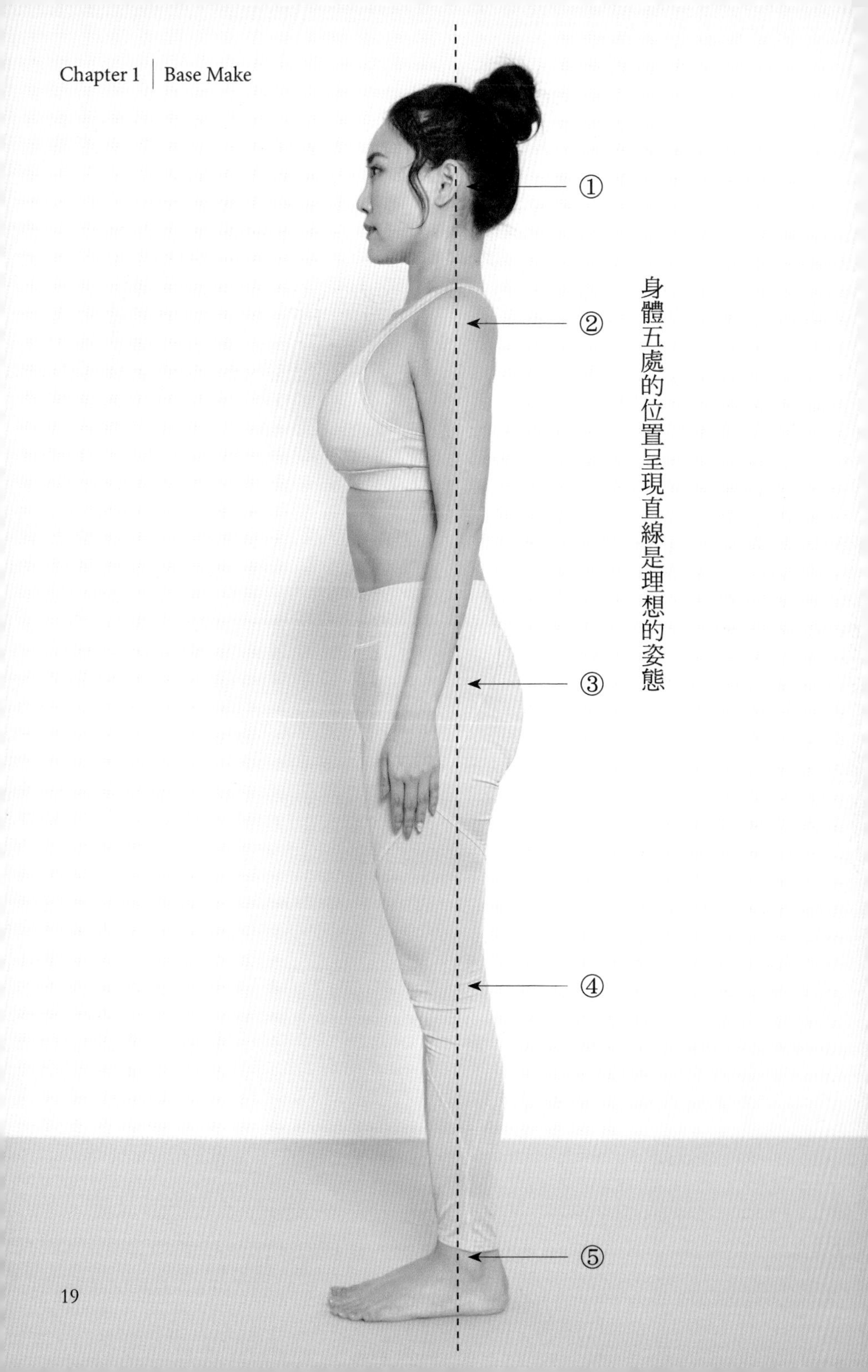

身體五處的位置呈現直線是理想的姿態

Base Make
Method 1

呼吸時留意核心肌群①「橫隔膜呼吸法」

透過深呼吸，收縮橫膈膜並掌握肋骨活動的感覺

筆直地站好，將兩手放在肋骨上。用鼻子吸氣、將嘴巴兩側肌肉收縮，以像是要從吸管吐氣般，緩慢地花上15秒將氣完全吐完。一邊掌握升起的肋骨往內側收縮的感覺一邊進行10次。

肋骨覆蓋在胸部的臟器之外，而在肋骨之下的橫膈膜則是呼吸肌肉之一，也是構成身體核心肌群的深層肌肉。透過鍛鍊這裡的肌肉，可以促進深呼吸、改善姿勢，也和擴展肩胛骨與骨盆等關節的可動範圍有關。「橫膈膜呼吸」是一種呼吸方法，也能鍛鍊橫膈膜。吐氣時確認肋骨往內側收縮的感覺（也就是確認是否能充分使用到核心肌群），以及將氣確實吐盡是重點。

〈15秒×10次〉

花上15秒慢慢地將氣吐盡

Base Make
Method 2

呼吸時留意核心肌群②

1 坐在地板上將雙腳併攏，從吸氣開始進行

將兩腳完全併攏、膝蓋完全呈直立狀態地坐在地板上，兩手同時向前並稍靠在膝蓋上。從鼻子輕輕地吸氣開始做起。

〈60秒〉

與呼吸同時活動上半身

2 一邊慢慢吐氣，一邊將身體向後倒

將口腔收緊、像是從吸管吐出氣一般，一邊慢慢地、細細地吐氣（橫膈膜呼吸）一邊將身體往後倒。以手心移動到膝蓋左右的位置為基準。上半身維持向後倒的姿勢將氣吐盡，再一邊吸氣一邊回到1的姿勢。1～2的步驟重複做60秒。

這是「橫膈膜呼吸」的活用版本，同時帶動身體的動作。做這個運動時最重要的是要留意橫膈膜。在上身向後倒時將氣吐盡，請確實掌握將腹腔縮到最小狀態的感覺。在重複這個動作中，就能自然而然地學會呼吸法。

配合手臂的運動，讓胸部大幅度地伸展開來

身體左側向下，橫躺在地上，兩手手臂伸直、手心緊貼在一起。左腳伸直，右腳的膝蓋彎曲並讓腳底貼向左腳。右手維持伸直的狀態慢慢地從臉頰旁邊轉動到頭部上方。接著再從頭部上方開始轉到背部上方，旋轉一圈。重複這個動作60秒。然後將身體換一側躺下，以同樣方式進行運動。

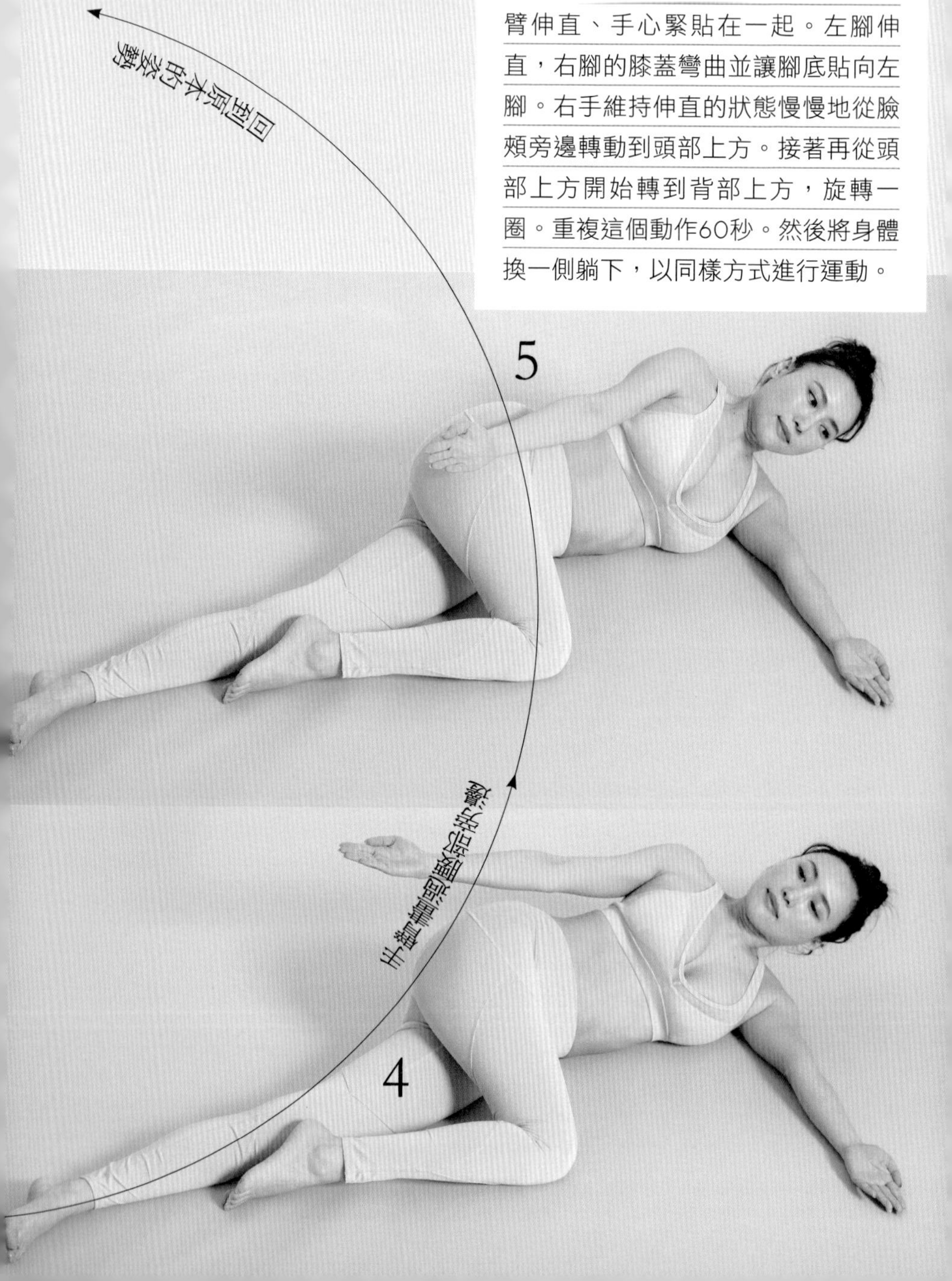

〈左右各60秒〉

Base Make
Method 3

轉動胸椎伸展

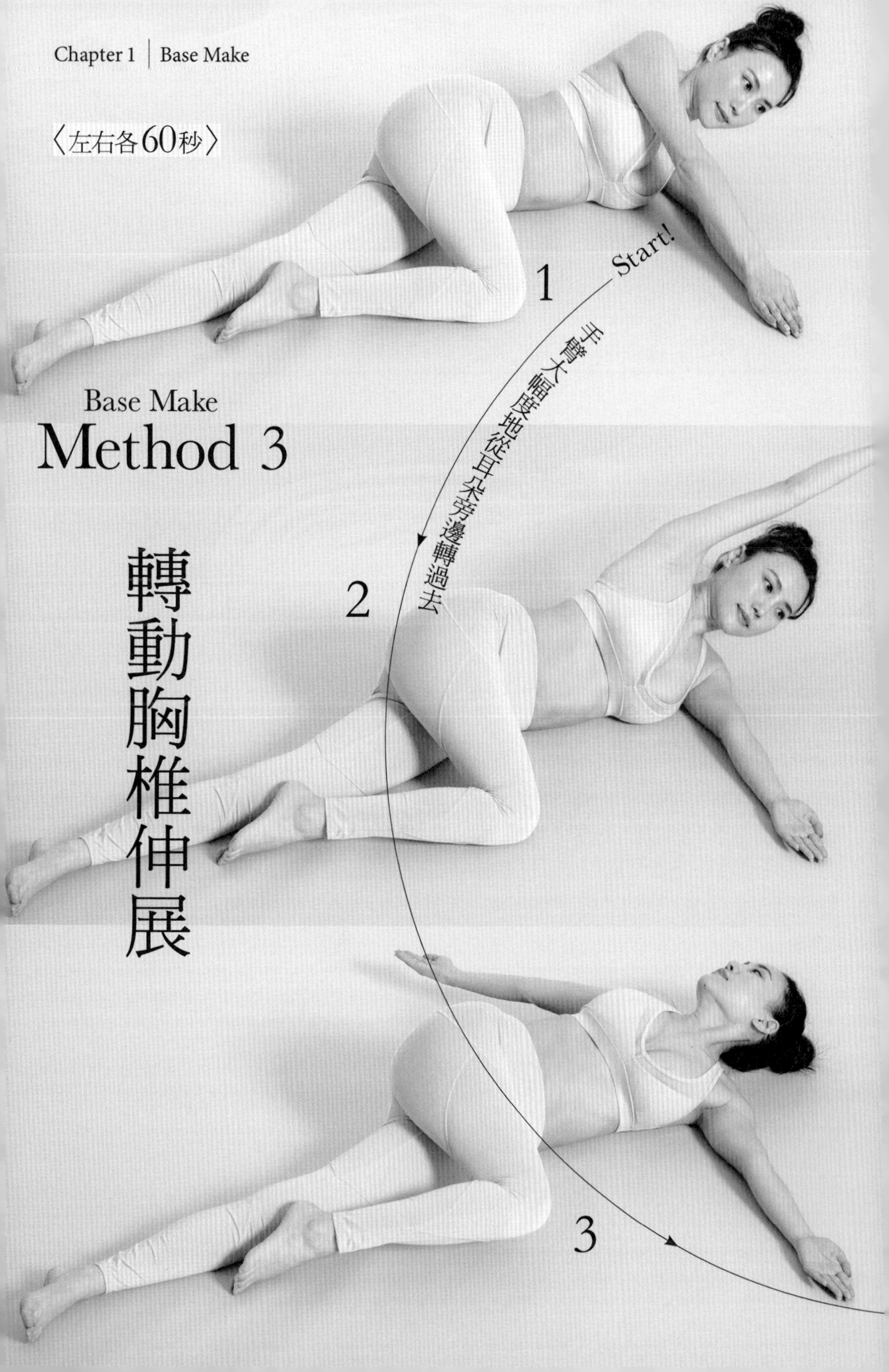

Base Make

Method 4

打開背部與胸部，提升上半身的柔軟度

進行瑜伽中所稱的「貓式」。雖然是看起來很簡單的動作，但能夠增加背部肌肉的柔軟度，對讓身體的可動範圍變大非常有效。背部往下沉時呈現彎曲的弧狀是一大重點。

1 一邊吸氣一邊將背部與腰部下沉

將雙手手臂與膝蓋撐在地上，手臂與膝蓋之間打開至略同肩寬。一邊慢慢地吸氣，一邊慢慢地將背部與腰部往反向活動。臀部則想像往天花板方向抬起。

2 一邊吐氣一邊將背部拱起

一邊吐氣一邊將背部拱起，視線看往肚臍。想像要將背部骨頭往天花板提起。將氣吐盡後再一邊吸氣一邊回到1的姿勢。重複進行1～2的動作60秒。

〈60秒〉

Base Make
Method 5

使髂腰肌柔軟並穩定體幹①

髂腰肌是連結腰椎與大腿骨的肌肉群，也就是擔任著連結上半身與下半身的角色。因為髂腰肌扮演著支撐身體中心的角色，所以透過鍛鍊髂腰肌能讓體幹更安定，且能打造出不歪斜的身體。此外，還有燃燒腹部脂肪、提臀與美腿等效果。

反之，如果髂腰肌衰退，就是導致骨盆後傾、姿勢不良、小腹凸出、臀部下垂的原因。此外，還有可能會衍生出便祕、水腫、內臟下垂等許多健康上的問題。

接下來會開始進行兩種使髂腰肌變柔軟的運動，再接著就要轉向進行下半身的基本姿勢。

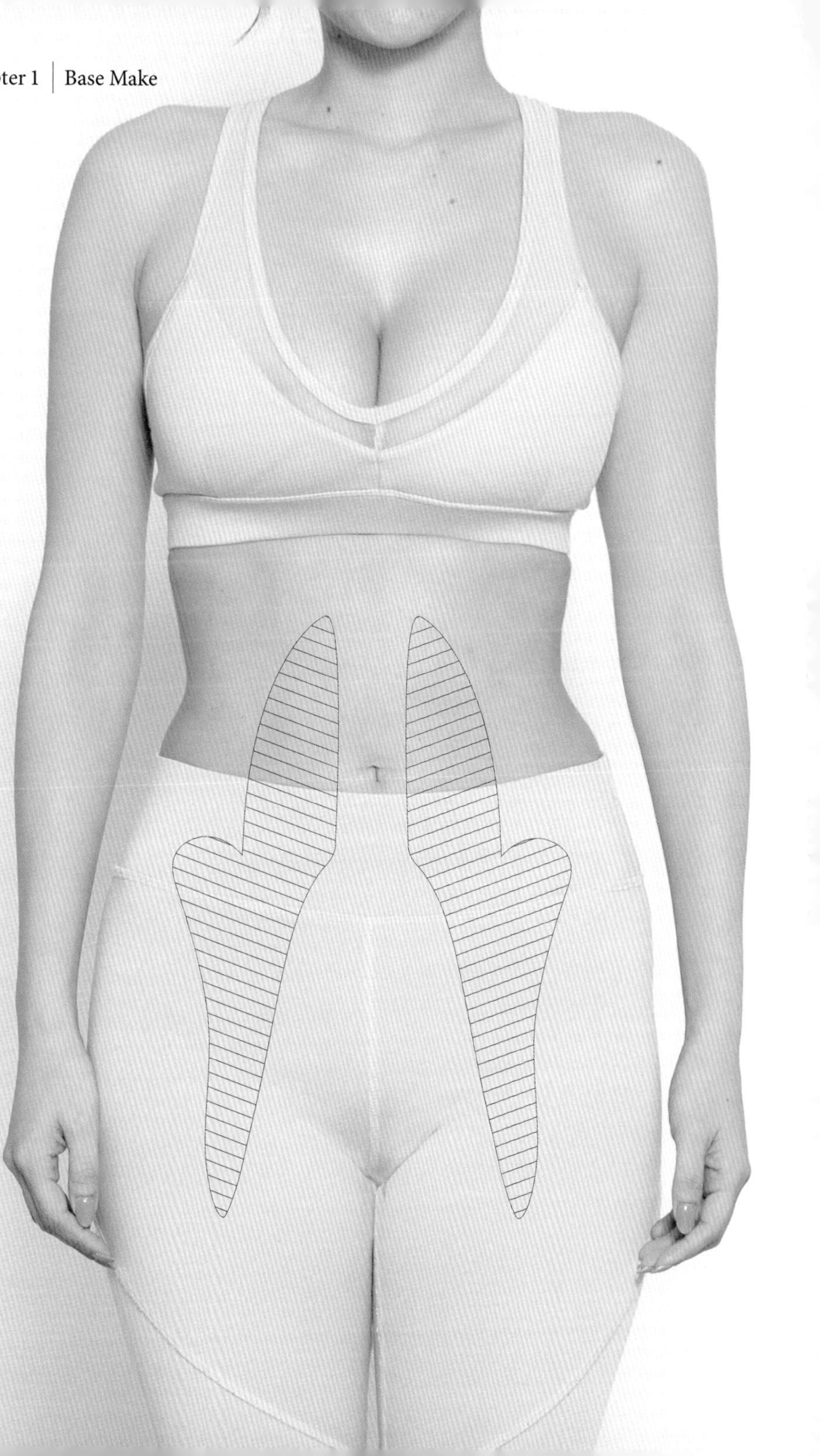

髂腰肌是維持身體中心的重要肌肉群之一

Base Make

Method 5

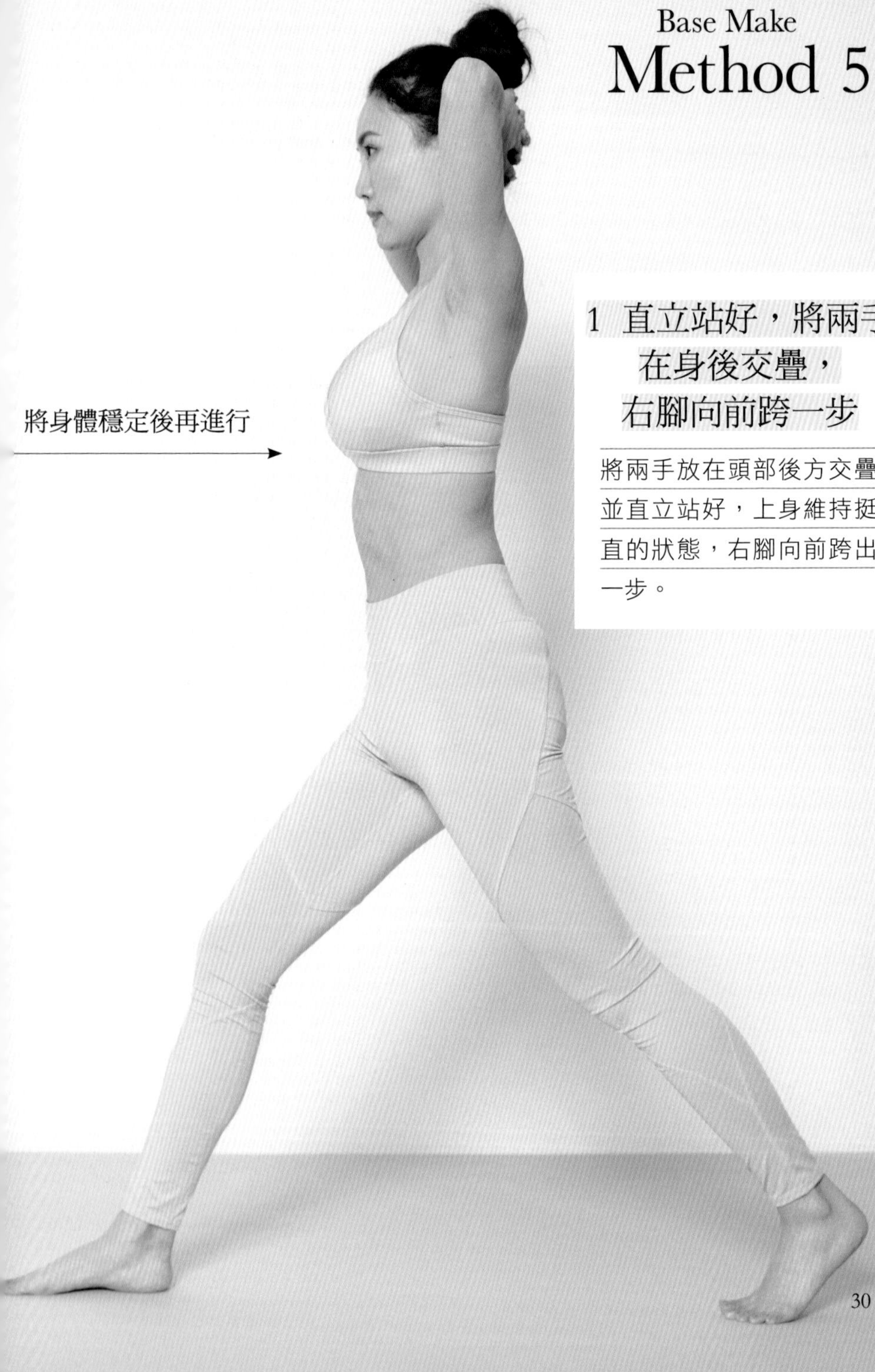

將身體穩定後再進行

1 直立站好，將兩手在身後交疊，右腳向前跨一步

將兩手放在頭部後方交疊並直立站好，上身維持挺直的狀態，右腳向前跨出一步。

〈左右各60秒〉

2 身體不要歪斜，一邊維持姿勢一邊向下蹲

一邊使身體保持在安定的狀態，一邊將兩邊膝蓋彎曲，讓身體蹲下。回到1的姿勢，重複1～2的動作進行60秒。將跨出的腳換成左腳，以同樣方式進行。

Base Make
Method 6

使髂腰肌柔軟並穩定體幹②

接著再進行能使髂腰肌柔軟度提升的另一個動作。將自己當成貼在地板上的貼紙般來活動身體。想像要慢慢地把貼紙撕除，將貼在地板上的身體從臀部開始提起，慢慢地撐起後背，然後再回到原處。一邊使用髂腰肌，還有能拉伸整體背部的效果。

盡可能地慢慢進行

從臀部開始依序將身體抬起，再從背部依序下降

身體仰躺，將兩邊膝蓋立起，將兩手手掌貼在地面並完全伸直。一邊吸氣一邊慢慢地將身體依照臀部→腰部→背部的順序抬離地面。整體都離開地面後再一邊慢慢地吐氣，依照背部→腰部→臀部的順序躺回地面。重複進行60秒。

〈60秒〉

Base Make

Method 7

伸展骨盆
矯正身體
歪斜的狀態

日本多數女性的骨盆是後傾的。骨盆後傾會導致姿勢不良、胸部下垂、腹部凸出，臀部也會下垂。

這個動作的目的是要使向前後左右歪斜的骨盆恢復到正常的狀態。如果有活動困難的方向或角度，這就是筋骨僵硬的證明。重複進行這幾個動作吧。

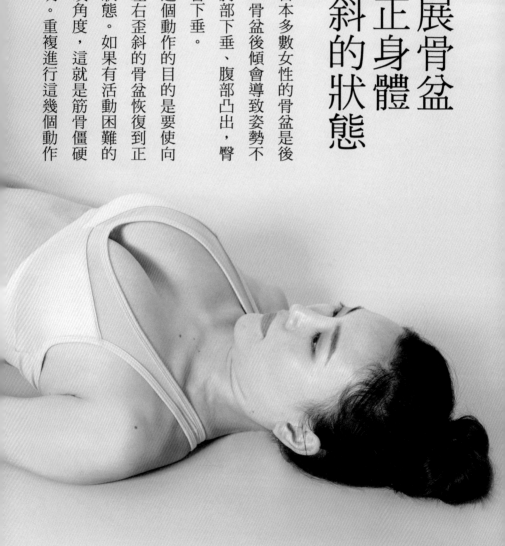

〈60秒〉

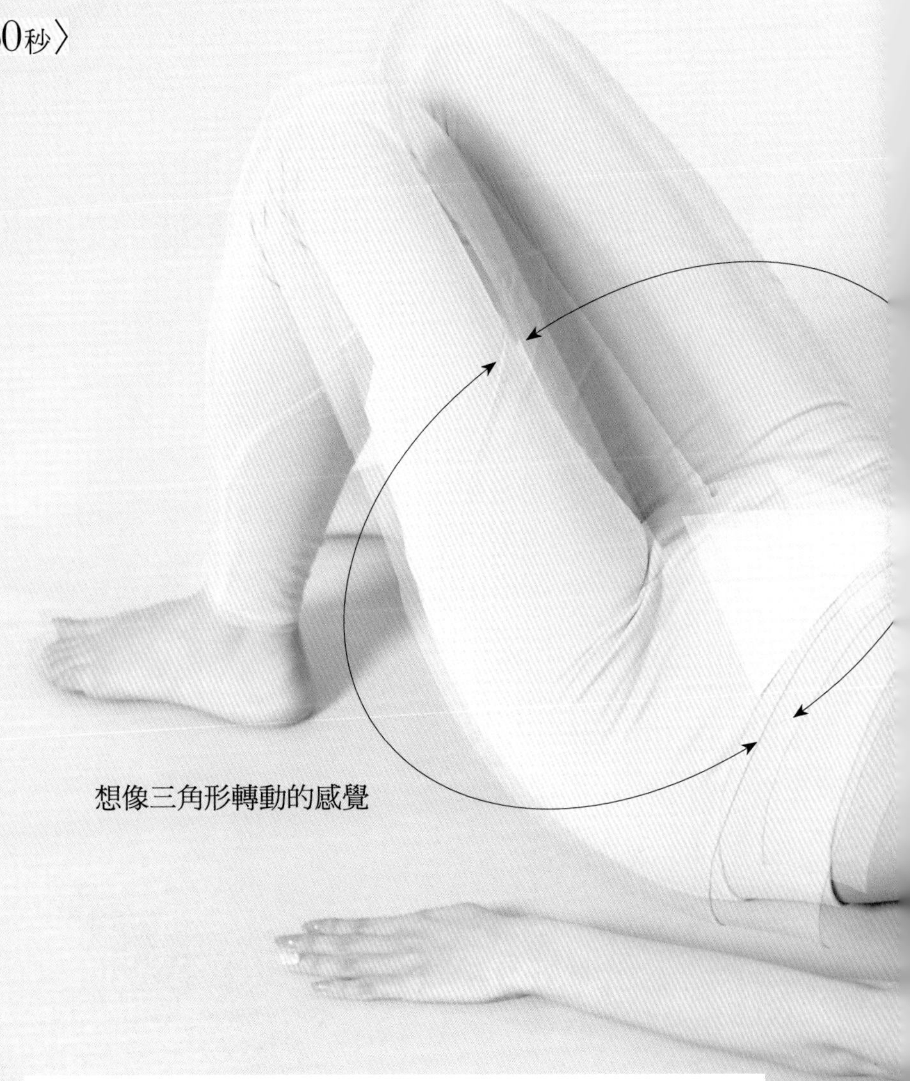

只慢慢地活動骨盆處

仰躺在地面上，將兩邊膝蓋立起，兩手伸直且將手掌貼在地面上。以放鬆且盡量不動到上半身的狀態，慢慢地將骨盆往前後左右運動。熟練之後就以慢慢畫圓的方式活動。如此重複進行60秒。

Base Make
Method 8

鍛鍊骨盆底肌群，消除凸出的下腹部

包覆在骨盆底部的肌肉一般就稱為骨盆底肌群。如果骨盆底肌群退化的話，便會造成內臟下垂、肋骨和胸部下降、下腹部也會凸出。

要有意識地感覺到骨盆底肌群來鍛鍊其實有些困難，但只要想像要從陰道與肛門將水吸上來般的感覺並施加力道，就能達到效果。Method 8就是以實際做到這點來進行為關鍵。

剛開始的姿勢

集中力道，將腳抬起、放下

陰道和肛門像將水往上吸一般施加力道，保持這樣的狀態將腳左右輪流向上抬起。放下的腳不要貼在地面上。重複這個動作60秒。

〈60秒〉

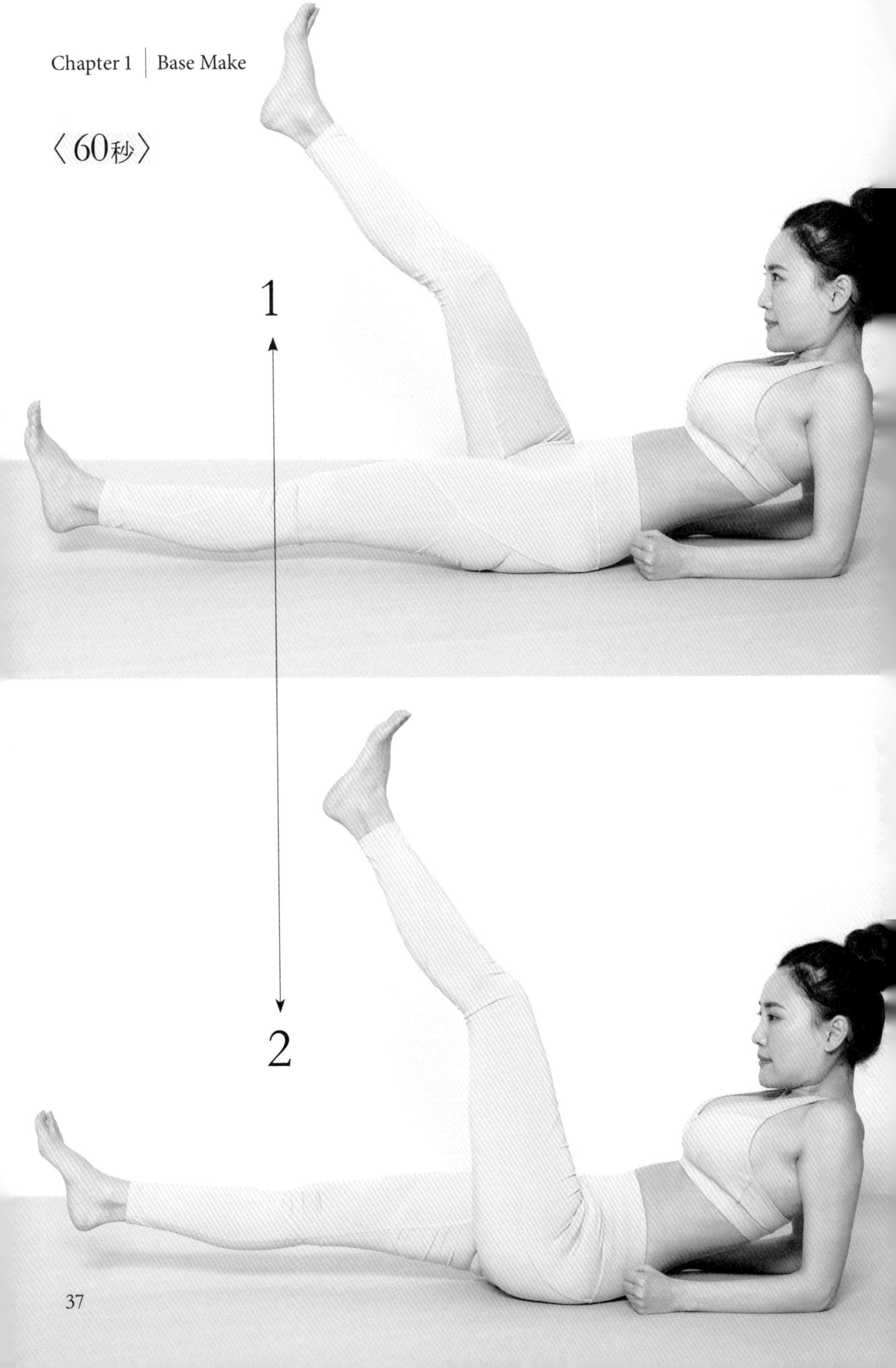

Base Make

Method 9

鍛鍊上腹部
強化體幹

- 利用「橫膈膜呼吸」來徹底活動體幹

和「橫膈膜呼吸」同時進行，將兩腳彎曲、伸直

坐在地板上，上身向後倒並用兩手手肘撐在地板上。將兩腳完全併攏，膝蓋彎曲向上抬。以橫膈膜呼吸吐氣，將兩腳維持抬離地面的狀態向前方伸直。邊吸氣邊將腳收回原位。重複進行此動作60秒。

〈60秒〉

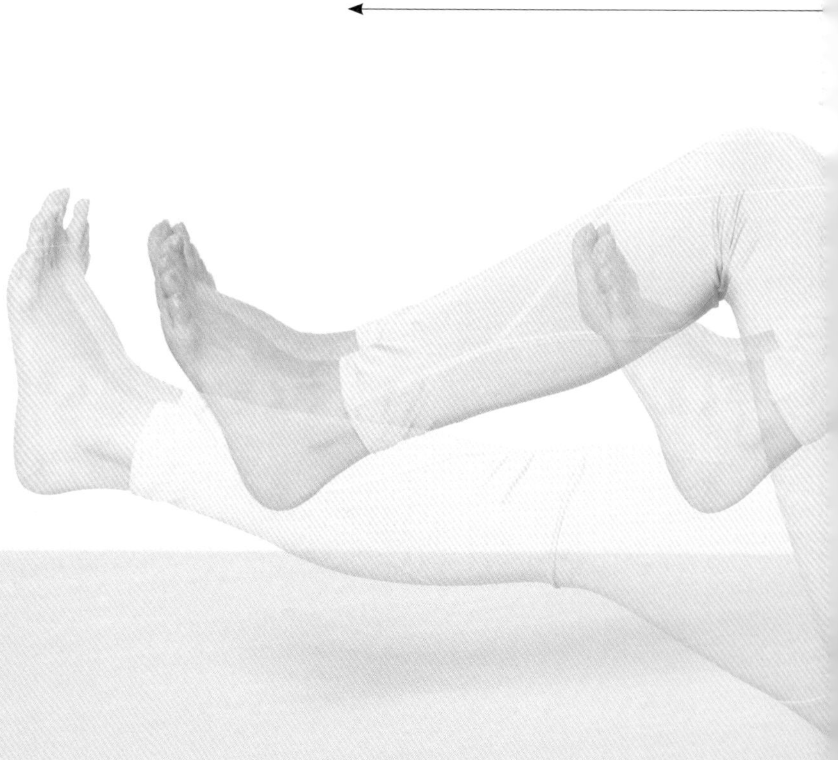

Base Make

Method 10

鍛鍊腹斜肌強化體幹

剛開始的姿勢

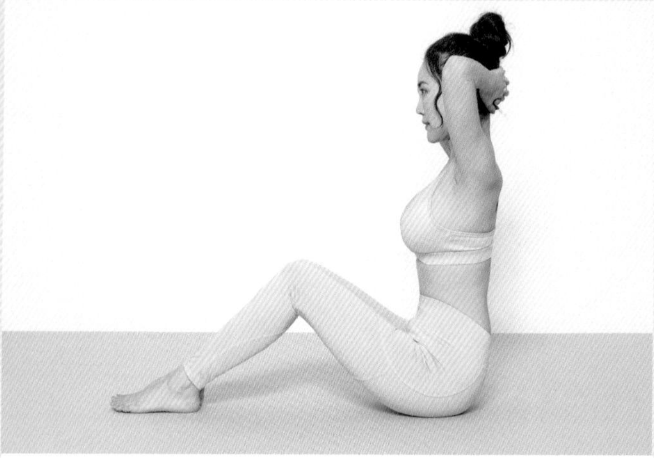

將腳抬起並扭轉上半身

將兩腳完全併攏，膝蓋立起坐在地板上，把兩手放在頭部後方。兩手手腕維持打開的狀態，將上半身往左側扭轉。右腳離開地面並伸直，將左腳向上抬起。另一邊也以同樣方式扭轉，重複進行60秒。

接續前項鍛鍊上腹部的動作，這裡開始鍛鍊腹斜肌為打造基礎做一個總結。

即使稱為腹肌運動，但這裡所說的絕對不是只鍛鍊表面的肌肉，而是同時配合呼吸法運動，並透過實行適當的運動次數來強化內部肌肉（＝體幹）。

要鍛鍊腹斜肌，一定要將上半身確實扭轉，這個動作和使體幹維持穩定相關。如此一來就能讓打造曲線運動達到最大的效果。

〈60秒〉

1

2

準備

Chapter 2 Before Bimune Method

打造美胸的事

在上一個章節中，我們透過打造基礎的動作來補強扭曲受損的身體，這裡就接著進行為了美胸而特別強化的事前準備。確實調整出能支持胸部的上半身，就是練成美胸的捷徑。

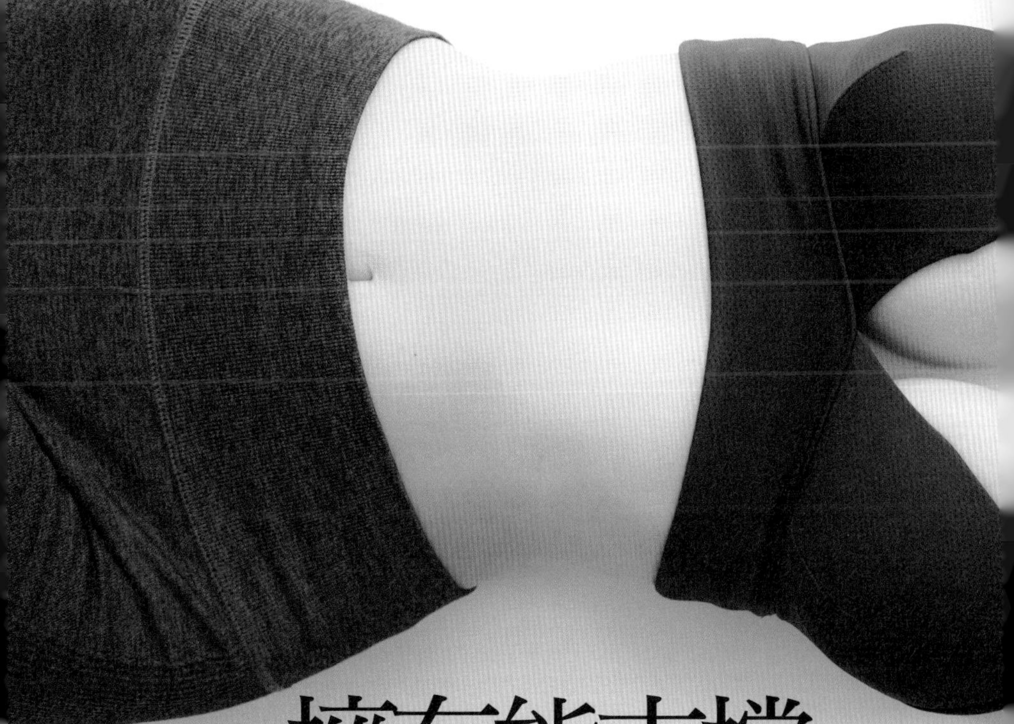

擁有能支撐
胸部重量的「基底」
並維持穩定相當重要。

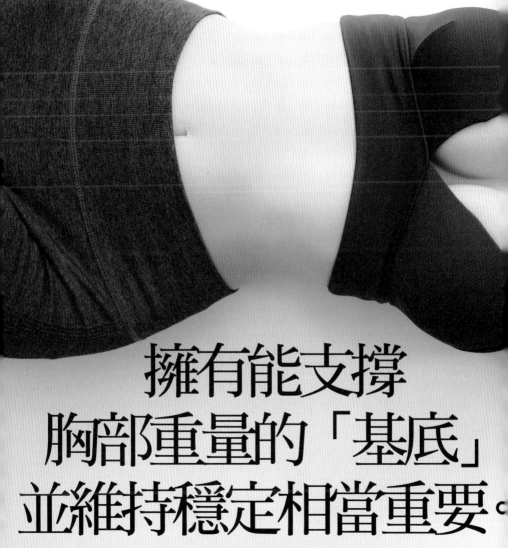

Before Bimune

Method 0

駝背是美胸最大的敵人！

矯正縮肩、使胸椎直立，就是鍛鍊美胸的根本

請看看左頁的照片。首先是右邊的照片。肩膀呈現圓弧的狀態而造成駝背，會使胸部往前下垂，也會看到凸出的小腹。而相較之下左邊的照片中，肩膀回歸到正確的位置，且胸椎成挺立的狀態。如此一來，胸部的線條變美，且腹部也回歸平坦的樣子。

在Chapter1中，我們雖然已經做了打造全身基礎的動作，但在Chapter2中更要為了針對美胸做好事前準備。

這次將重點擺在長時間待在桌前工作，或是作家事、過度使用手機電腦時會出現的「縮肩」與「胸椎彎曲」，針對這些不好的身形來做徹底的改善。確實調整好支撐胸部的上半身基礎，做好美胸運動的準備。

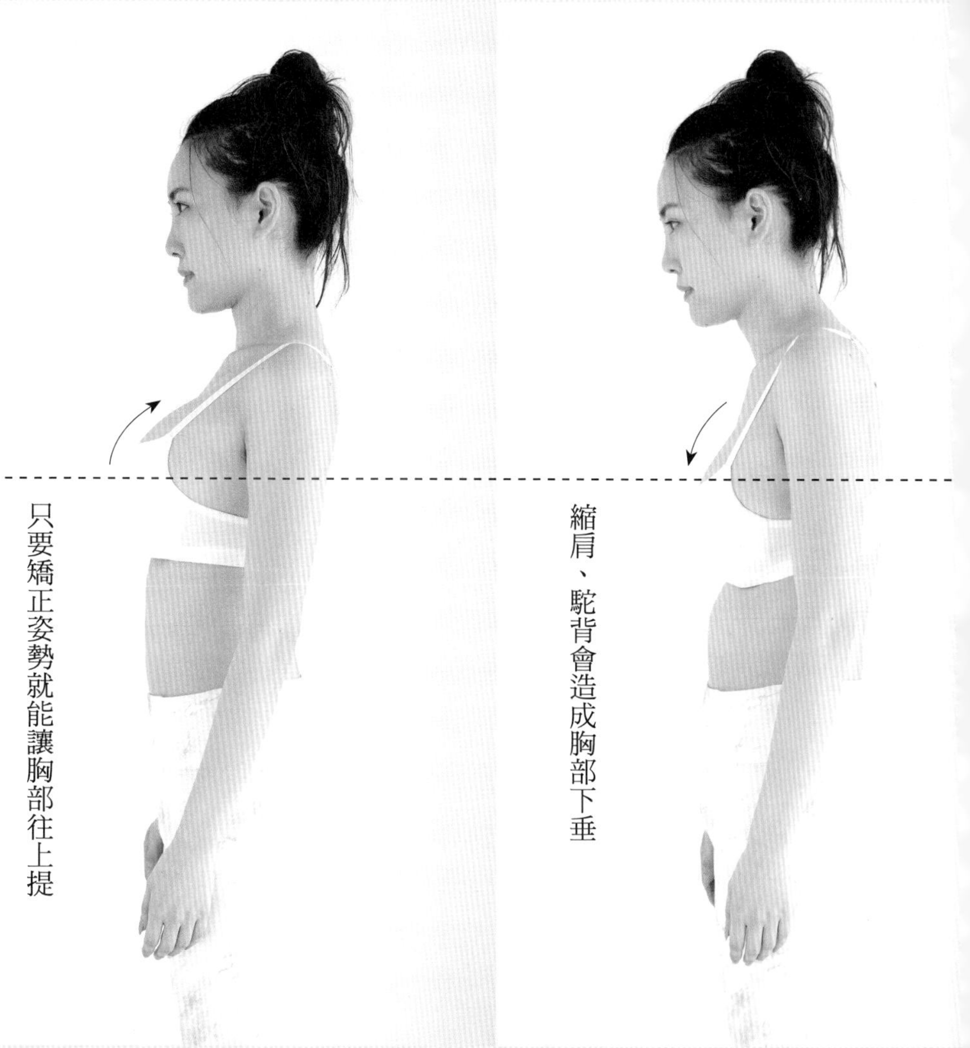

只要矯正姿勢就能讓胸部往上提

縮肩、駝背會造成胸部下垂

Before Bimune

Method 1

改善縮肩的伸展運動①

之所以會造成縮肩，是因為一直持續維持著兩邊肩膀向前的姿勢。駝背是指背骨一帶呈現圓弧的狀態，大部分的人都是因駝背而同時有縮肩的習慣。

縮肩大多是肩胛骨向前方彎曲，這是造成肩膀僵硬的原因，如果只是放著不管，有很多人會因此使神經壓迫到手臂並造成痲痺。

美胸鍛鍊時主要是刺激大胸肌的上半部，如果維持著縮肩的狀態進行美胸鍛鍊，那也無法將刺激傳達到大胸肌，恐怕最後不是鍛鍊到胸部而是鍛鍊到手臂（結果讓手臂長出健壯的肌肉）。

首先利用手邊就有的寶特瓶（飲品膠樽），來使肩膀回歸到正確的位置吧。

〈左右各60秒〉

不要過度用力慢慢地活動

拿著寶特瓶
在不吃力的範圍
前後活動手背

呈正確的姿勢站好，將左手手掌朝外並拿著裝有水的500ml寶特瓶。腋下保持不動的狀態下將手腕向後方伸展，再回到原本的位置。重複這個動作60秒後再換右手。

Before Bimune

Method 2

改善縮肩的伸展運動②

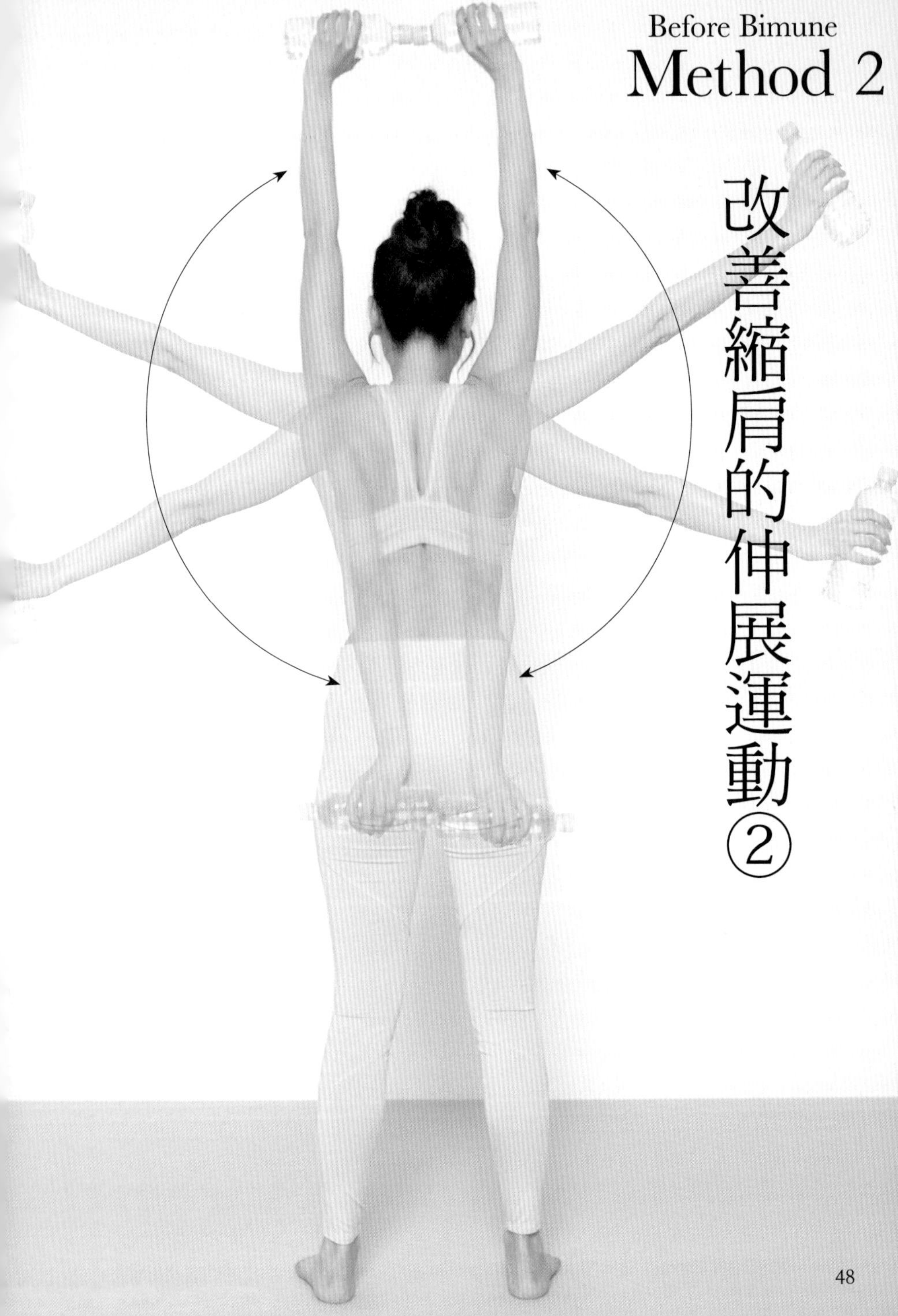

〈60秒〉

兩手拿著寶特瓶往頭部上方舉起、放下

將兩腳打開約與肩同寬，以正確的姿勢站好。將手放在臀部後方並將手掌朝內，兩手分別拿著500ml的寶特瓶。將兩手手臂往上提起至肩膀的高度，接著再舉起至頭部上方，回到原本的位置。重複這個動作60秒。

手臂移動的途徑盡量跟著身體的線條

Before Bimune

Method 3

使胸椎直立的伸展①

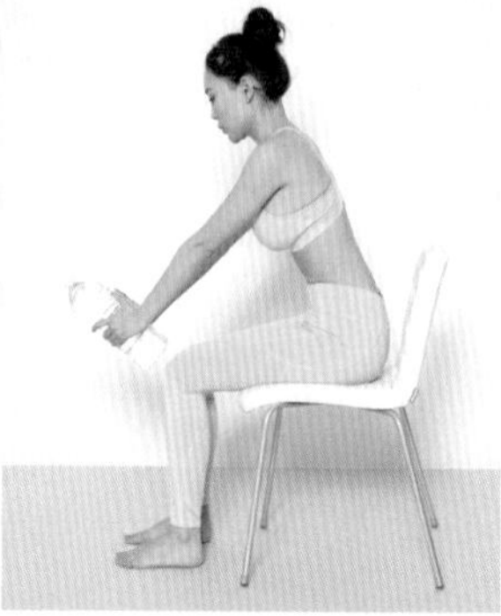

先將寶特瓶放到膝蓋上方

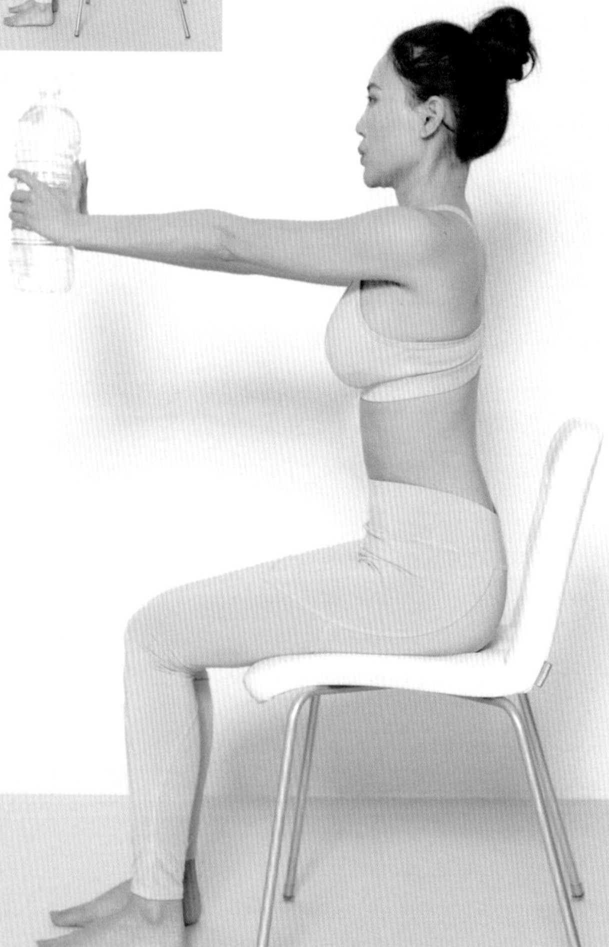

背部的骨骼從上方開始稱為頸椎、胸椎、腰椎，胸椎彎曲的話就會造成駝背。如果能確實矯正彎曲的胸椎，駝背自然就會改善，同時對美胸也很有幫助。在不吃力的可動範圍內進行這項伸展就好。

將寶特瓶舉到頭部上方後再舉向後方

用兩手拿著1L的寶特瓶，坐在有靠背的椅子上。兩手平行地板往前伸直，接著就這樣將寶特瓶舉至頭部上方，在不吃力的狀態下反舉到背後，接著回到開始的位置。重複進行這個動作60秒。

〈60秒〉

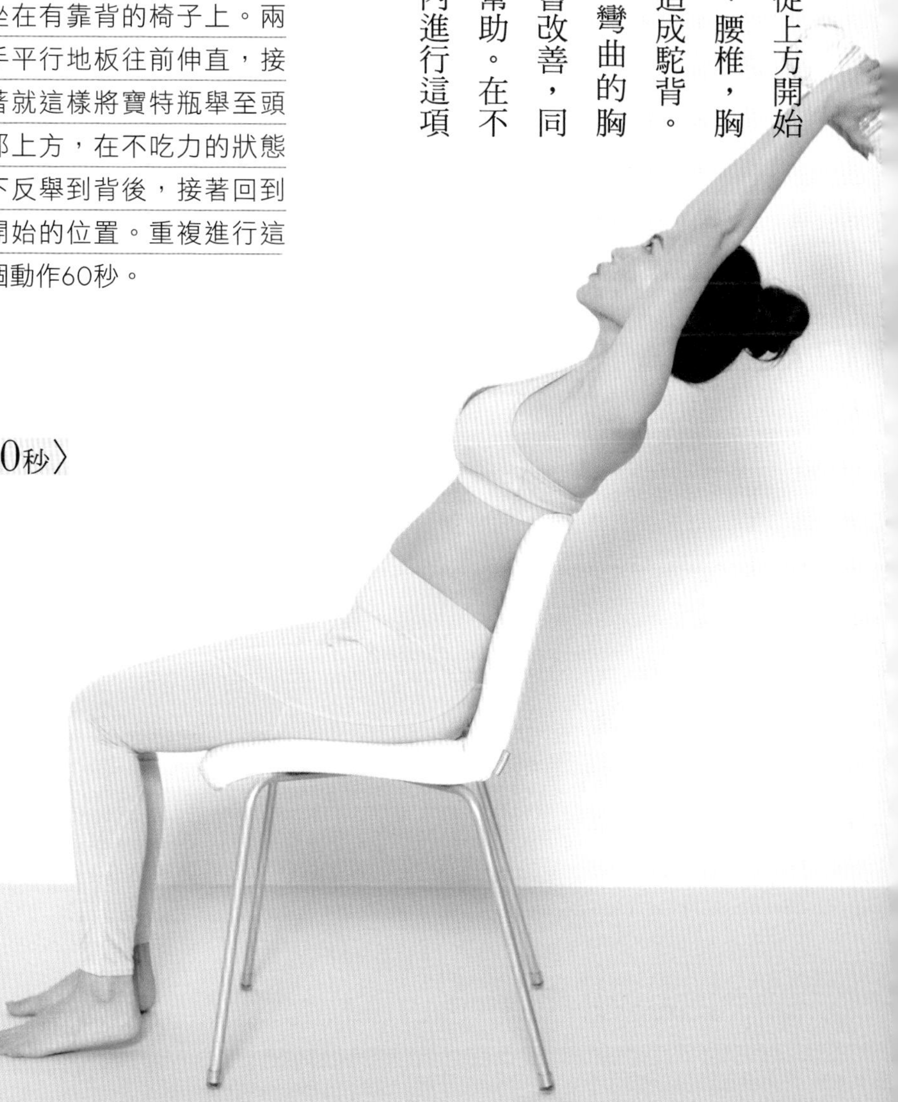

Before Bimune

Method 4

使胸椎直立的伸展②

從將寶特瓶放在大腿上開始

在由12塊骨骼組成的胸椎中，接著要來刺激在Method3之中沒有刺激到的部位。同樣地坐在椅子上，稍微往前坐一點可以增加可動範圍。在不吃力的範圍內進行伸展。

淺坐在椅子上，將寶特瓶舉到頭上再延伸至後方

繼續使用在前一項動作使用的椅子，比Method 3時坐得稍微前一點。用兩手拿著1L的寶特瓶，在胸前筆直地伸展，接著就這樣舉到頭部上方，在不吃力範圍下反舉到背後，回到開始的位置。重複這個動作60秒。

〈60秒〉

Column 1 與其在意胸部的尺寸，不如測量看看「體型指數」

內衣品牌華歌爾推導出一個能表示女性身體美感的指標，稱為「體型指數」。這並非只是測量尺寸，而是觀察身體的平衡，將身體從正面看時的腰圍設定為「1」。

以這個1為基準，肩寬為1.6、乳頭間隔0.8、臀部寬度1.4，則是華歌爾公司發表的最美平衡數值。

而我也是將從正面觀看時的平衡感作為重要指標。比如說即使腰圍同樣是60cm，但身體較沒有厚度、呈扁平感的人，從正面看起來沒有任何曲線的60cm，和身體雖然厚實卻有曲線的60cm比較起來，光是視覺就有很大的不同。可說後者的身型絕對是比較美的。

我自己的理想身體比例，是將腰圍設定為1，並以肩寬1.8、乳頭間隔0.9、臀寬1.8為基準。順帶一提，腰圍則是A4紙的短邊（21cm）剛好能蓋住的範圍。

大家也務必試試看測量自己的體型指數。站在鍛鍊身體曲線的觀點來說，比起在意實際量出來的數字，將體型指數的數值當作追逐之理想目標是比較合理的。

Chapter 3
美胸運動
Bimune Method

從這裡開始終於要進入打造美胸運動的章節了。
接下來要開始進行絕對不會讓現在胸部的脂肪減少、而且還會活用這些脂肪、只在胸部上方增加恰到好處肌肉量的鍛鍊運動。

不讓脂肪量減少
且能活用這些脂肪
就是打造美胸的基礎

Bimune

Method 0

已經下垂的胸部也能成為美胸！

對胸部沒有自信的人鍛鍊後也能有成果

在前言也大略提到，我的胸圍是94cm，大多是選擇J罩杯的胸罩（因廠商不同而多少有差異）。因為原本就是胸部比較豐滿的人，所以在生完小孩後變得更大，當時幾乎到了即便選擇最大尺寸、100cm的哺乳胸罩也很難扣起來的程度。

而且，變得這麼大的胸部在我哺乳期間突然就開始下垂了。這對我來說是非常大的打擊。當時我才17歲，所以臉還有點孩子般的稚氣，但相對之下只有身體已經慢慢變成大嬸了……。所以我不想讓人看到我的身體，被邀請去澡堂時也是遮遮掩掩的十分沒有自信。

曾經讓我如此沒有自信的胸部，能像現在這樣被大家稱為「美胸」，其實也沒有別的，就是拜我自己打造出來的鍛鍊所賜。現在也有許多擁有美胸的女性朋友，加入並實踐我設計的美胸運動行列。

在健身房進行的課程要使用健身器材，為了讓各位在家也能像在健身房一樣進行鍛鍊，所以我設計出了不需要器材的新運動方法。

雖然每個人身體有所不同，但女性的胸部（乳房）約有90%是由脂肪構成的。剩下的10%則是是乳腺，也就是生成母乳的組織。所以也有如果乳腺組織不夠發達的話，胸部也不會變大的說法。

透過鍛鍊不會讓胸部的脂肪量增加，也不會使乳腺組織變得發達。反過來說，反而多半是因為鍛鍊而使脂肪量減少、使胸部變小。舉個明顯的例子來說，以肌肉發達之美競賽的健美小姐，幾乎不具備充滿圓潤脂肪與女性美感的「美胸」。

那麼，為什麼為了「美胸」而必須健身鍛鍊呢？

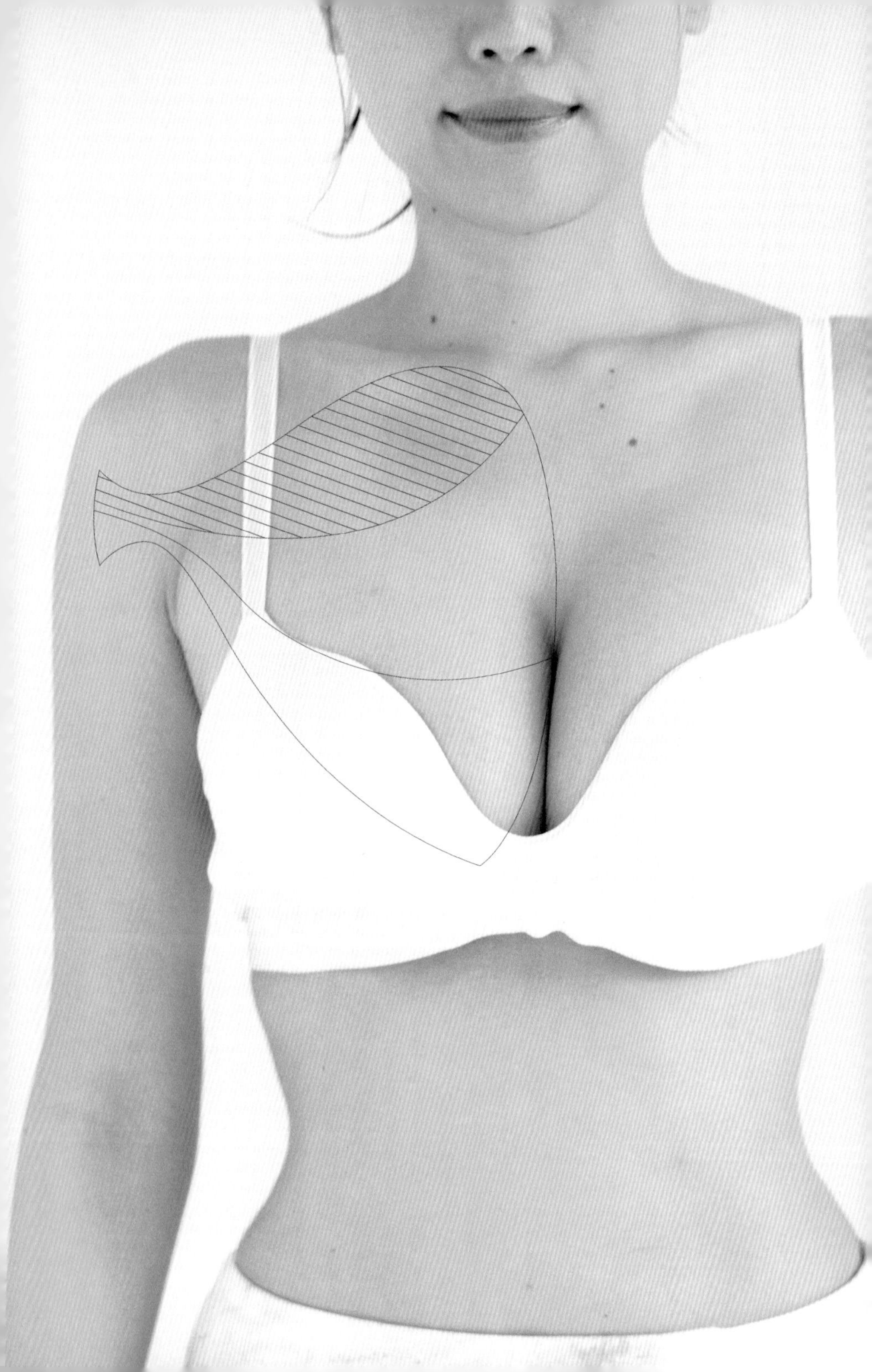

胸部的肌肉、也就是大胸肌，大略可分為上半部、中間、下半部三個區塊。上半部比中間與下半部相較之下脂肪本來就比較少，健身鍛鍊後脂肪減少的風險也較低。也就是說，如果可以只鍛鍊大胸肌上半部的話，就能保留住中間和下半部的脂肪，將胸部變小的風險降到最低。

在大胸肌上半部增加肌肉量有兩大優點。

第一個是只要透過增加肌肉量，就能單純地讓乳房的豐滿程度增加。就像鍛鍊上手臂的肌肉，手臂增加了肌肉量就會變粗是一樣的道理，只要在胸部增加肌肉量，胸部就會變大。

第二個優點則是在大胸肌上半部增加肌肉量，這個部分就有讓胸部緊緻且向上提的力量，和形成美麗的胸型息息相關。中間和下半部的脂肪有上半部的肌肉支撐，就能使胸部整體變緊緻且打造出上提的胸部線條。

如果因「胸部很小」、「胸型不美」而覺得自卑的人，請務必堅持下去，持續進行美胸運動，一定可以得到成果的！

Bimune
Method 1

讓神經傳導到大胸肌上半部

花點時間確認
壓到哪個位置能刺激到
大胸肌上半部

用兩手手心夾著500ml的寶特瓶，放到胸前施加力道。以小指（尾指）、手腕、大拇指等處在各處壓壓看，確認看看按壓哪個位置能在大胸肌上半部施加力道。

如果只要鍛鍊大胸肌上半部的話該怎麼做——？最開始或許多少會覺得有些困難。不過如果能掌握到竅門就非常簡單。

有健身經驗的人的神經傳導會比較順暢，比較容易能掌握到竅門。初學者可能要多花一點時間。不過不要著急，試著多次改變施加力道的方式看看。如果不能確實對大胸肌上半部增加刺激，那鍛鍊就沒有意義了。掌握到重點後再往下一個動作前進吧。

〈15秒 ×10次〉

確認在大胸肌上半部增加刺激

Bimune
Method 1

一邊維持力道，一邊讓手腕慢慢地往前→下→上

用兩手手心夾著500ml的寶特瓶，確認能在大胸肌上半部施加刺激的位置，維持力道。接著慢慢將手臂往前伸直→回到原處→向下伸直→舉到頭上。重複此動作60秒。

〈60秒〉

3

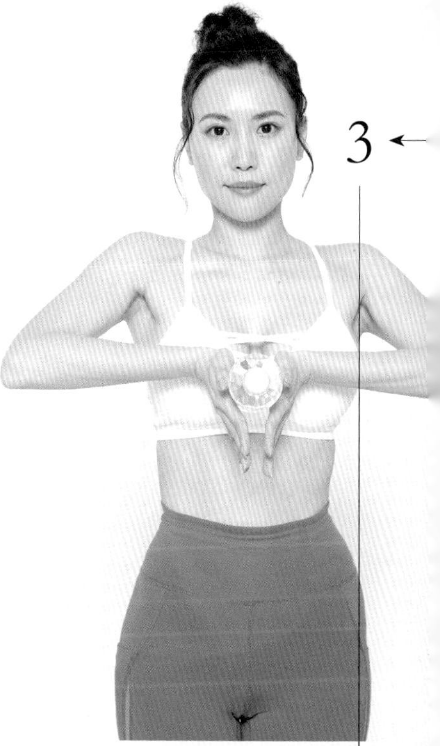

4

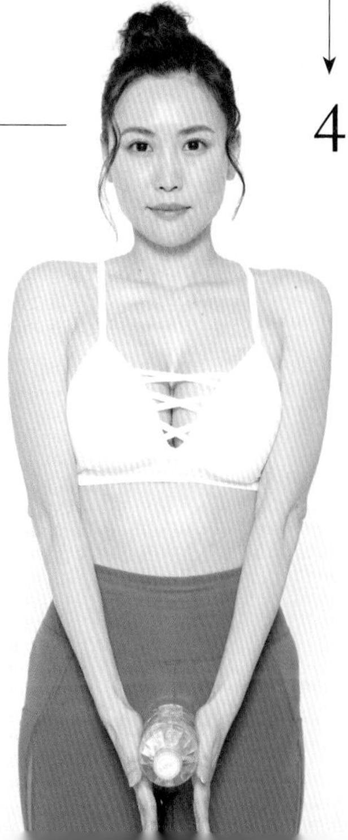

持續給予大胸肌上半部刺激

5

Bimune

Method 2

鍛鍊大胸肌上半部①「上斜臥推」

以2L的寶特瓶取代啞鈴來進行鍛鍊。利用靠墊等鋪在地上讓身體有適當的伸展後再進行就能給予大胸肌上半部相當刺激。請絕對不要在平坦的地方進行。以哪個角度進行較能給大胸肌增加刺激也因人而異，所以請以不同角度嘗試看看。

開始位置

慢慢地將手臂上下抬動

躺在地上面向天花板，在背後放上靠墊等，讓身體維持一個弧度。兩手分別拿著2L的寶特瓶，慢慢地將手臂向上抬、放下，重複進行60秒。

〈60秒〉

1

將腋下展開呈直角進行

2

筆直地往天花板伸直

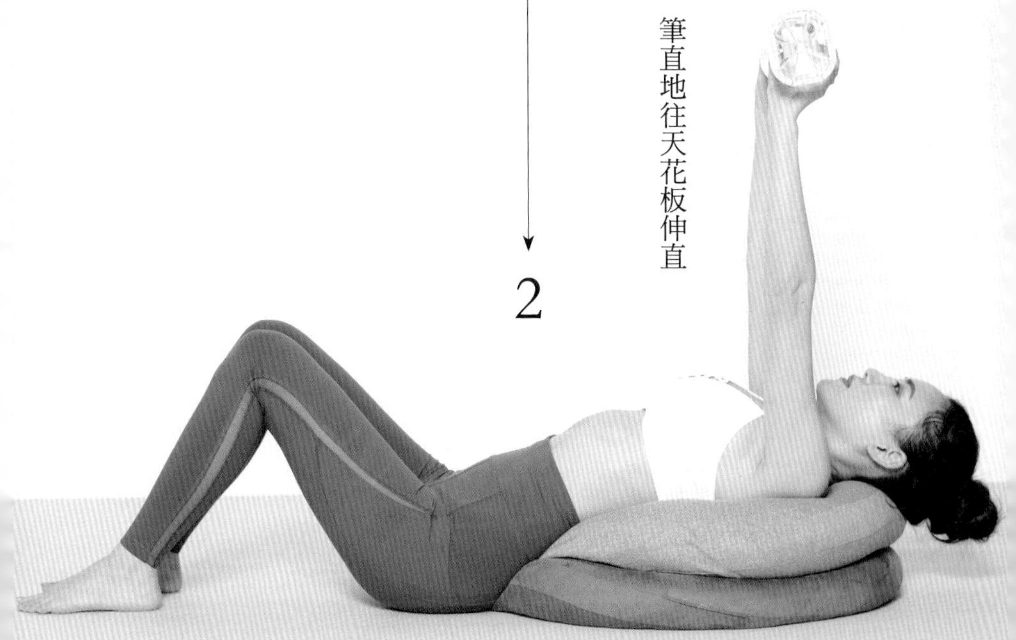

Bimune

Method 3

鍛鍊大胸肌上半部②「下犬式」

有做過瑜伽的人應該很熟悉的「下犬式」，這個姿勢對美胸有很大的幫助。不過瑜伽是將重點放在身體背部拉伸，所以和刺激大胸肌上半部的美胸運動在意義上多少有些不同。

重點是將手掌完全密合的貼在地板上。有很多人會為了不滑動而讓指尖過度用力，但這麼做是無法確實為大胸肌上半部施加刺激的。

照片中雙腳雖然是併攏的，但如果覺得很難進行的話稍微打開也沒關係。此外，如果將腳跟完全貼在地板上，對伸展大腿內側和小腿後方肌肉很有效果，同時也能對鍛鍊目的的大胸肌上半部增加刺激。請將注意力集中在一點上來進行。

將手掌完全貼在地面上，確認能給予大胸肌上半部刺激

將四肢著地，兩手打開與肩同寬，兩腳膝蓋併攏。將兩手的手心稍微往前移動，使腳尖立起、臀部往上抬。將兩手手掌完全貼合在地面上。將視線放在地板上。一邊確認是否有給予大胸肌上半部刺激，一邊維持這個姿勢60秒。

Bimune

Method 4

鍛鍊大胸肌上半部③「跪姿伏地挺身」

1 四肢著地且手掌緊貼地面

讓四肢著地，兩手與兩邊膝蓋張開至約與肩同寬。將腳尖立起，兩手手掌完全確實貼合在地面。

2 膝蓋維持原姿勢，手臂立起身體向下

肩膀維持原姿勢，邊將手肘打開邊讓上半身往地板貼近。慢慢回到1的姿勢。持續進行此動作60秒。

〈60秒〉

2 慢慢讓上半身貼近地面

Bimune

Method 5

鍛鍊大胸肌上半部④「利用彈力帶鍛鍊」

確實確認是否有刺激到大胸肌上半部

將彈力帶的一端綁在即使拉動也不會移動，且有重量的桌腳或椅腳上，盡可能地綁在靠近地板處。將手肘以彎成直角的狀態拉彈力帶。邊改變綁彈力帶的位置或角度，確認是否有刺激到大胸肌上半部。

美胸運動的收尾就利用彈力帶來鍛鍊。如果有確實進行Method1～4的動作，那麼大胸肌上半部的神經傳導應該已經變得相當順暢。仔細注意接受到的刺激，並利用彈力帶的收縮力，再繼續鍛鍊大胸肌上半部。

如果以錯誤的方式進行，不但鍛鍊不到胸部，還會使手臂變壯。改變彈力帶的角度或長度，以到目前為止同樣的方式，一邊確認是否有給予大胸肌上半部刺激一邊進行。

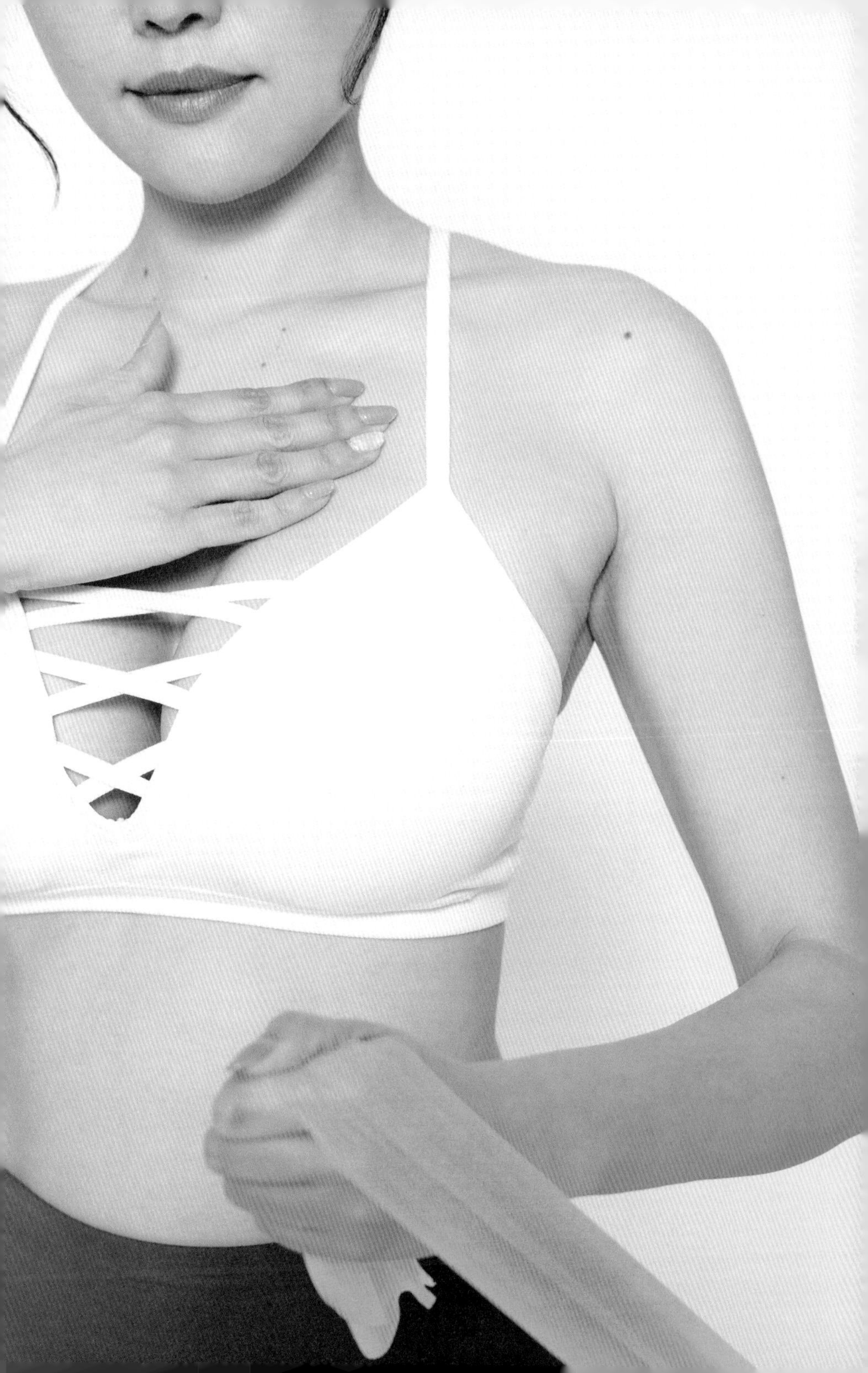

Bimune
Method 5

1 拉動彈力帶至手肘呈現直角狀態

確認是否有確實運動到大胸肌的上半部，就這樣維持這個姿勢，將彈力帶往上拉至手肘呈直角的狀態。從這個位置開始鍛鍊。

〈60秒〉

2 手腕不施力，用大胸肌上半部的力量將彈力帶往上拉

留意不要改變手肘的角度（不要使用手臂的肌力），將彈力帶往手肘處拉伸，再回到1的位置，重複進行這個動作60秒。

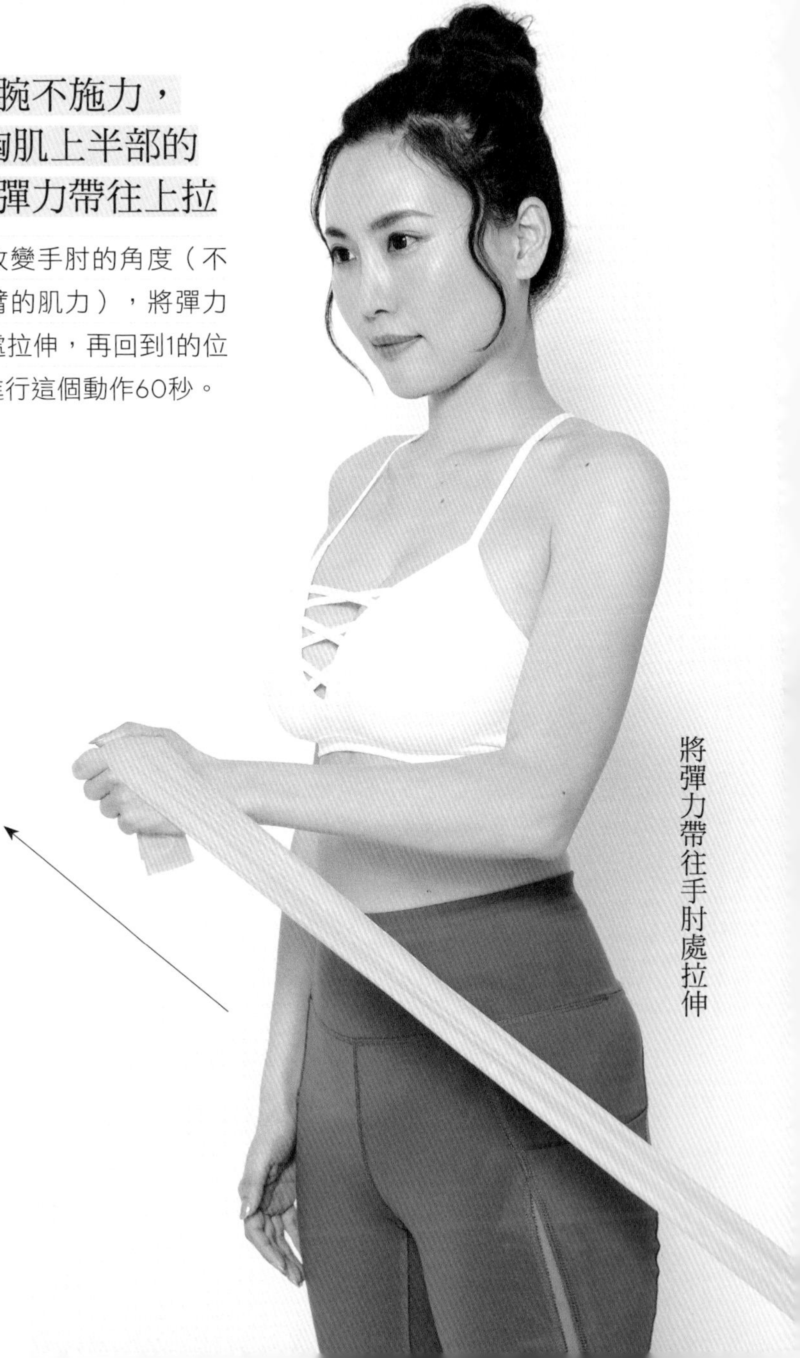

Chapter 4

腰部曲線運動

Kubire Method

凹凸有致的身體線條就能充分展現出女性之美。
做完美胸運動後，接下來要針對「凹凸」的「凹」來鍛鍊。
關鍵字是「肋骨」。不需要做激烈的腹肌鍛鍊運動。

所謂的美胸與腰線
環環相扣。
只要將曲線鍛鍊出來，
就能讓彼此襯托得
更加明顯。

Kubire

Method 0

不經考慮就進行腹肌運動會帶來反效果

將打開的肋骨收縮集中就是打造漂亮腰線的第一步

雖然說是打造「腰部曲線」的運動，但是如果沒有多加考慮就開始做鍛鍊腹肌的運動，反而會有造成反效果的風險。如果以鍛鍊腹部一帶的方式訓練，雖然會減少脂肪，但內部增加了肌肉反而會讓身體變壯，也會使鍛鍊腰部曲線變得更加困難。在各領域活躍的職業運動選手都有平坦的腹部，或是腹肌很多塊，可仔細觀察，幾乎沒人有充滿女性美感的腰部曲線，反而因為身體產生肌肉，紮紮實實地變壯了。

我要教導大家的運動方式，是可以打造腹肌，但並非以產生六塊腹肌為目的，而是為了打造出腰部曲線。

我理想中的女性身體，是有適量的脂肪且不會產生肌肉線條，結實且有凹凸曲線的身體。不管再怎麼調整出漂亮的胸部曲線，如果腹部周圍太胖的話，就不會讓人覺得是「美胸」，只會覺得是「胖的人」。這樣的話，用心打造的美胸就不會凸顯出來了。

事實上，肋骨和骨盆間距離較長的人比較容易打造腰部曲線，以此觀點來說，也可說是身高較高的人比較容易。此外，還有因生活習慣而使姿勢不良或骨盆歪斜等原因，而讓肋骨和骨盆之間的距離變短，所以使身體回到正確的姿勢——也就是「打造基礎」等到目前為止所介紹的鍛鍊都是非常重要的。

以腰部曲線來說，就是從肋骨下方開始產生線條，所以讓肋骨收緊是非常重要的。肋骨會因呼吸而開合，但也有很多人因為持續以較淺的方式呼吸等原因，而使肋骨持續維持著打開的狀態。

首先從以下三種鍛鍊開始，將打開的肋骨收緊，確實打造出腰部曲線。

Kubire

Method 1

讓肋骨往內側收縮①「側躺壓肋骨」

＜左右各15秒 ×10次＞

首先從側邊開始
將肋骨往內側壓

將身體左側向下、以手肘當成枕頭般躺在地板上。右手放在肋骨上，從鼻子開始吸氣。將嘴巴收緊，以像是要從吸管將氣吐出般，以橫膈膜呼吸法慢慢地、細細地花15秒將氣吐完，同時以像是要將肋骨往內側壓入般施加力道。重複這個動作10次。另一邊也以同樣方式進行。

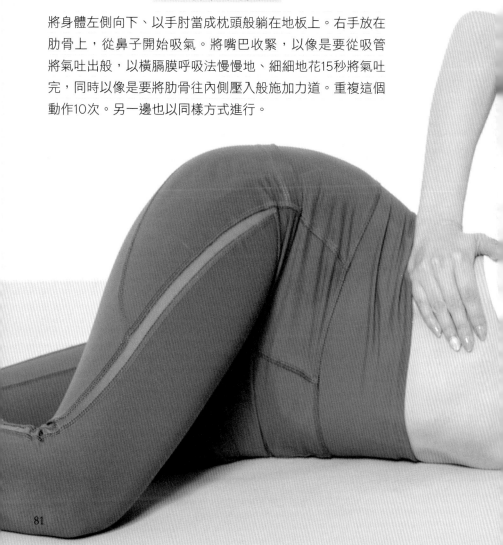

Kubire
Method 2

讓肋骨往內側收縮②
「正躺壓肋骨」

將往前突出的肋骨往內側壓入

仰躺在地面上。將兩手手指交叉放在肋骨上，用鼻子開始吸氣。用「橫膈膜呼吸法」將氣花15秒吐完，並同時用手腕處將肋骨突出的地方往內側壓入。重複此動作10次。

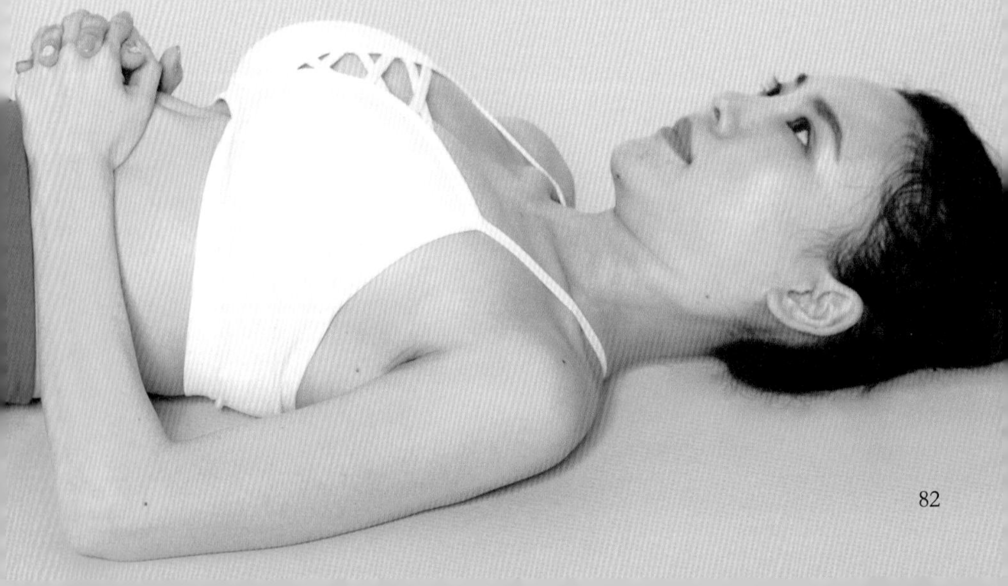

＜15秒 ×10次＞

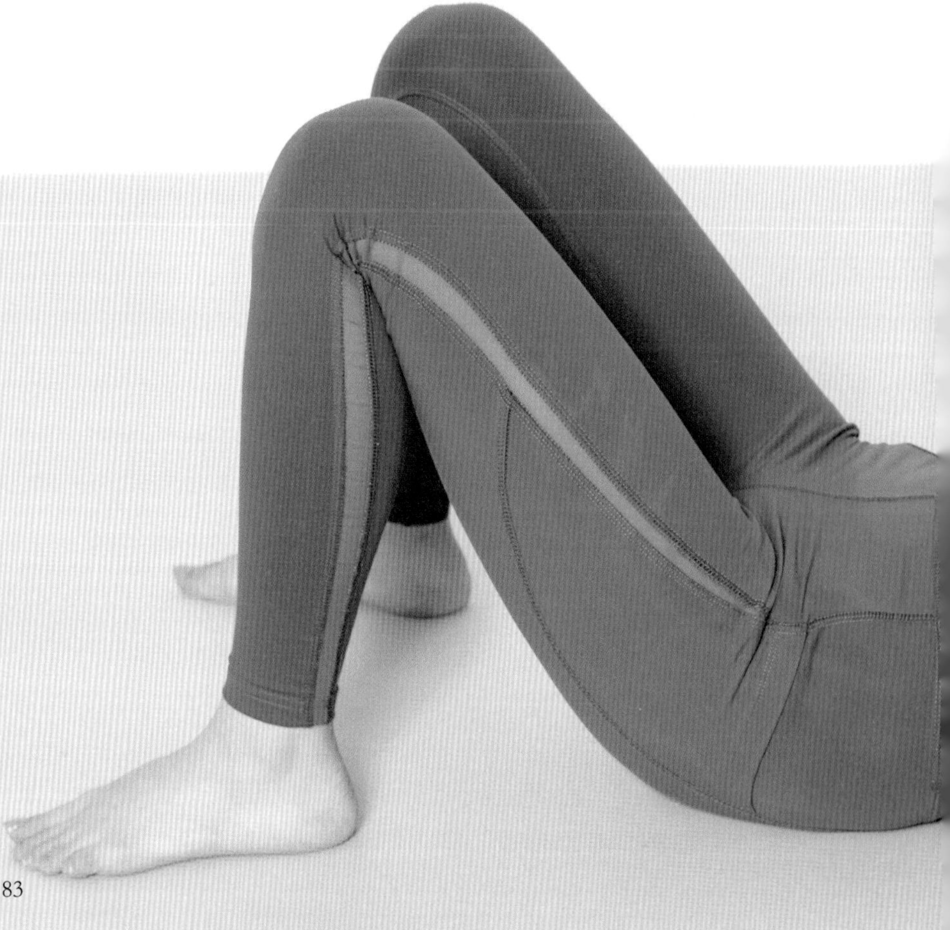

Kubire
Method 3

讓肋骨往內側收縮③「收縮肋骨」

使用毛巾
從各方向將肋骨
往內側壓入

準備長度可以繞腰圍一周的毛巾捲好放在胸部的下方，分別拿住兩端。用「橫膈膜呼吸法」花15秒鐘將氣吐完，以適當的力道將毛巾收緊。重複進行10次。

從橫向與從前方將肋骨壓入後，利用毛巾從各個方向來做收尾。

但要注意，如果只是一味地施加力道會造成受傷。以不會覺得痛的力道，並搭配橫膈膜呼吸法慢慢地進行。

到最後「呼」地將氣吐完是重點。只要這麼做，就能連肋骨下方都確實地收緊，也能對腹斜肌給予刺激，讓打造腰部曲線的效果更好。

<15秒 ×10次>

花15秒慢慢地往內壓

Kubire

Method 4

迴轉棒式

收緊肋骨附近的肌肉讓肋骨往內側緊縮，回到正常的位置後，就要來進行三種不同的鍛鍊運動。

首先是利用鍛鍊體幹的基本動作「棒式」來進行打造腰部曲線的運動。「棒式」，顧名思義就是將身體如同一根棒子般地維持一直線，這樣就能將全身的力氣都集中在腹肌上。

以頭頂到腳跟維持筆直一條線的姿勢開始進行吧。

×NG

腰部下沉且臀部抬起，這就是
沒有使用到體幹的證明

Kubire
Method 4

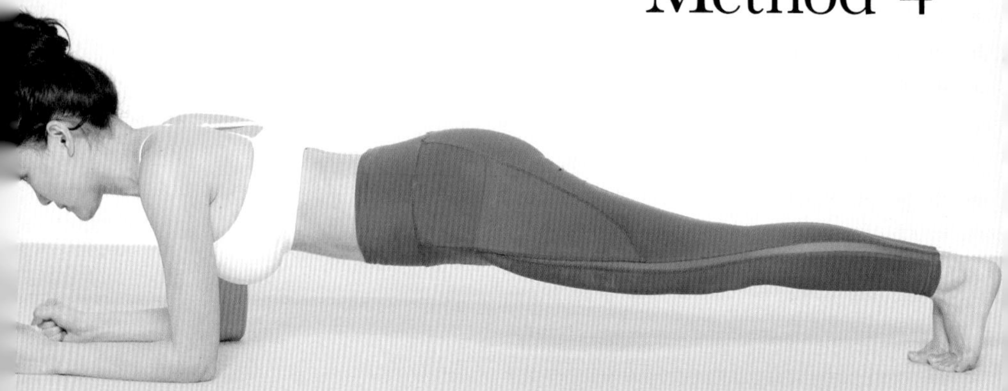

1 做好棒式支撐的姿勢

趴在地板上，將兩手手肘放在肩膀正下方，兩腳併攏並將腳尖立起。往腹部施加力量將身體向上抬起。

2 將臀部往上抬起

維持往腹部施力的狀態，保持身體平衡將臀部向上抬起。

〈60秒〉

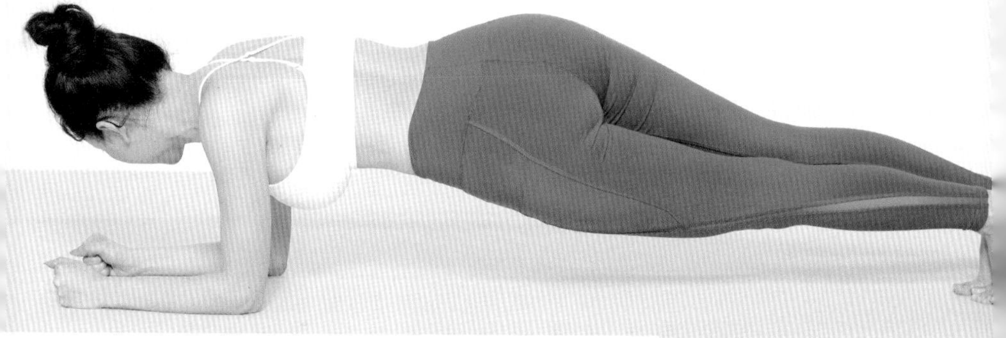

4 將身體向右扭轉

維持腹部施力的狀態，將身體往右側轉。重複1～4進行60秒。

3 將身體向左扭轉

暫時將身體回到1的姿勢，然後繼續維持腹部用力的狀態，將身體向左扭轉。

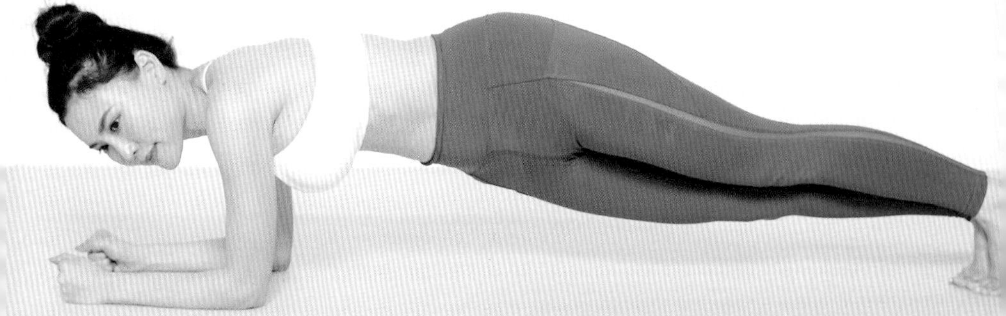

Kubire

Method 5

觸碰腳踝

接續第一個動作的第二個動作，也是在體幹運動中加入扭轉提高打造腰部曲線的效果。兩個動作皆是盡可能不要使用外部肌肉，而是強化內部肌肉，加上扭轉的動作更能達到打造腰部曲線的目的。將腳往上抬很高並不是目的，所以如果覺得這個姿勢有點難的話，膝蓋角度稍微小一點也可以。

坐在地板上，將兩手抬離地面，只用臀部維持平衡的狀態。兩邊膝蓋盡可能地彎成直角，和地板平行。將兩手手臂貼著兩腳。腳和手臂盡量不要用力，只將力氣往腹部集中，重點是不要讓身體歪倒。

利用體幹使身體保持不要傾倒

Kubire

Method 5

1 將身體往右扭轉，用指尖碰觸腳踝

以前頁的姿勢將身體向右側扭轉，以左手指尖去碰觸左腳腳踝。

2 將身體往左扭轉，用指尖碰觸腳踝

將身體向左側扭轉，以右手指尖去碰觸右腳腳踝。重複1～2進行60秒。

〈60秒〉

Kubire

Method 6

觸碰腳尖

最後的動作是能夠鍛鍊腹肌上半部的運動。在和腰部曲線有很大關聯的肚臍上方給予刺激。並不是以反作用力來進行，而是邊徹底確認是否有運動到腹部邊進行操作。

在這個動作後，打造腰部曲線的鍛鍊就結束了。雖然也已經說過了，但若是想打造出充滿女性美感的腰部線條，其實不需要進行激烈的腹肌鍛鍊運動。

我介紹的動作，並不是為了達到打造肌肉線條為目的，所以有鍛鍊過肌肉的人可能會覺得：「就這樣而已？」，不過只要持續進行這些讓人覺得「就這樣而已」的動作，就不會增加不需要的肌肉，而是能保持女性身體的豐滿圓潤，並打造出凹凸有致的身體線條。

〈60秒〉

將上半身向上抬起，往腳尖處將手臂伸直

對著天花板躺好，兩腳併攏並將膝蓋稍微彎曲，盡可能地將腳往上抬高。兩手手臂向上筆直伸直，將指尖朝向腳尖處，把身體向上抬。以規律的韻律重複進行60秒。※摸不到腳趾頭趾尖處也沒關係。請在不勉強的範圍裡進行。

給予腹肌上半部刺激

Column 2 穿較薄服裝時的季節要注意「給人看」與「不給人看」的骨頭

以大略的感覺來說的話，我有「給人看的骨頭」與「不給人看的骨頭」。不過實際上骨頭也看不見，所以正確來說是指骨頭的線條。

「給人看的骨頭」是鎖骨、手肘、手腕、ASIS（骨盆前側的兩個凸起處）、膝蓋與腳踝等六處。不管哪一處被贅肉埋住之後都會看起來顯胖、顯老。反過來說，如果這六處的骨頭線條可以清楚地呈現出來，就會讓人覺得很優雅，看起來充滿女人味。

另一方面，「不給人看的骨頭」是指肋骨、背骨、肩胛骨、骨盆、恥骨。如果能看到這些地方的骨頭線條，就會給人不健康的感覺，這和「充滿女性美」、「性感」等詞完全處於極端狀態。最近，也有肩胛骨凸出而被稱為「天使的翅膀」的人，但其實這是因為老化的前鋸肌衰退，即使不願意，肩胛骨還是會浮出。像這樣花了心力呈現出的骨頭線條是很沒有意義的，而且對身體也很不好。

「給人看的骨頭」和水腫也有關係，所以留意在這些骨頭周圍按摩，小心不要讓骨頭線條被埋沒。

而有許多人「不給人看的骨頭」已經浮現，原因可能是過瘦、骨頭歪斜。所以請專注進行Chapter1～2。

Chapter 5
美胸按摩
Bimune Massage

在這裡介紹結束前面的鍛鍊運動或洗完澡後
能進行的胸部按摩。讓阻塞的淋巴液流動，
溫和地給予刺激，就能搖身一變成為緊實的美胸。

促進淋巴液和血液流動，產生緊實感與彈性。

Bimune Massage

Method 0

一天按摩一次維持美胸

血液循環佳且乳腺發達，就有讓胸部變豐滿的效果

和前面所介紹的鍛鍊運動一樣重要的便是按摩了。我每晚大概會花上一個小時來為自己做一次完整的按摩。

按摩有兩個最大的目的。第一個目的是要讓身體中的老廢物排出。淋巴管分布在全身各處，讓淋巴管內的老廢物流動，經過淋巴結過濾，最後變成尿液排出體外。如果淋巴的流動性不良，會使老廢物堆積在體內，身體代謝變差，水腫和痠痛也是因此而來。我原本也是很容易水腫的體質，所以會將每天的老廢物盡量在當天就流動排出。

尤其是腋下和鎖骨一帶等，在胸部周圍有非常重要的淋巴結。為了維持

美胸，按摩這兩處是不可缺少的。

另一個目的就是利用按摩來舒緩一天的緊繃感。我在按摩的時候，會使用阿育吠陀的香氛精油或是有發熱效果的乳霜等，依照當時的情境與身體的狀態、商品的功能等區分使用，有時候會用六種左右的產品搭配使用。

無論如何，在一天結束後自己觸摸自己的身體，利用精油或是乳霜，仔細地按摩後就能舒緩疲勞和緊繃感。這樣有讓副交感神經處於優勢狀態的效果，也和優良的睡眠品質有關。

此外，透過在胸部周圍按摩，不只淋巴液，血液流動也會變好，提升代謝也能促進女性荷爾蒙分泌。女性荷爾蒙能促使乳腺運作發達，乳腺發達後周圍也會變得較容易蓄積脂肪，對胸部變大也很有效果。

一天一次，在洗完澡後維持著裸體的狀態，於鏡子前檢查全身的身體曲線，就這樣將按摩當成每天的作業也很不錯吧。

Bimune Massage

Method 1

用手指按摩腋下（腋窩的淋巴結）

以手指的壓力
按摩腋下的
淋巴結和周圍

將右手高舉到頭頂上方，在腋下的凹陷處用左手拇指施加力道按壓。沿著腋下凹陷處的路徑，以不會感覺到痛的力道，從二頭肌末端到胸部上方施加刺激。另一邊也以同樣方式進行。

腋下有腋窩淋巴結，這裡的淋巴流動停滯，就是造成二頭肌鬆弛、水腫，還有胸部下垂的原因。

如果按壓這裡的淋巴結會覺得有點硬硬的人，那就是腋窩淋巴結阻塞的證據。請認真地進行按摩。

此外，腋窩淋巴結中也堆積著疲勞物質。在工作的空檔時，如果感覺到疲勞時就多次揉壓腋下，也能有效恢復疲勞。

Bimune Massage

Method 2

用兩指按摩鎖骨周圍（鎖骨淋巴結）

鎖骨有鎖骨淋巴結，這是即使在體內眾多淋巴結中，仍算是特別容易囤積老廢物的地方。

和腋窩淋巴結一樣，鎖骨淋巴結堵塞也是造成胸部下垂的原因。所以請每天一次，認真且溫柔地按摩。

此外，透過按摩鎖骨淋巴結，脖子與臉部周圍的淋巴液流動性會更良好，也有消除水腫、讓臉變小、讓脖子拉長等效果。

用兩根手指夾住鎖骨，由內側往外輕輕按摩

將右手握拳，稍微突出食指和中指，放在左側鎖骨上。用突出的兩根手指以像是要夾住鎖骨般，由內側開始向外側慢慢地邊壓邊移動。另一邊也以同樣方式進行。

用手指關節夾著鎖骨

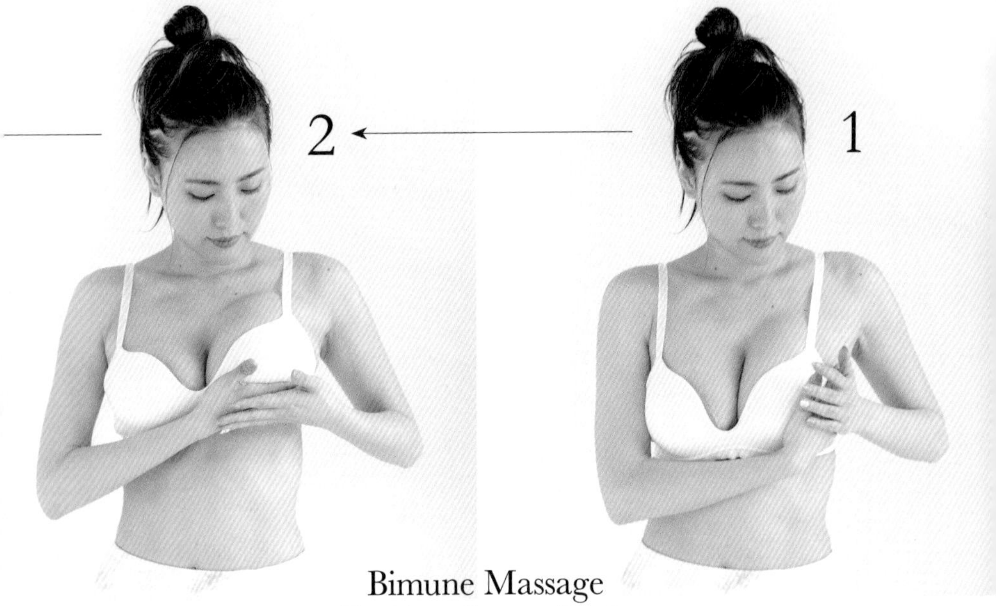

Bimune Massage

Method 3

溫和地按摩胸部周圍

最後在胸部周圍溫和地給予刺激。透過直接按摩胸部周圍，能促進周圍的血液循環，也能促進女性荷爾蒙分泌。

女性荷爾蒙的分泌會隨著年齡上升而下降，透過每天按摩，即使只有一點點也能促進分泌，這對維持美胸來說是非常重要的。

推薦使用有促進血液循環效果的凝膠或乳霜，如果是胸部專用的乳霜會更好。

3

4

5

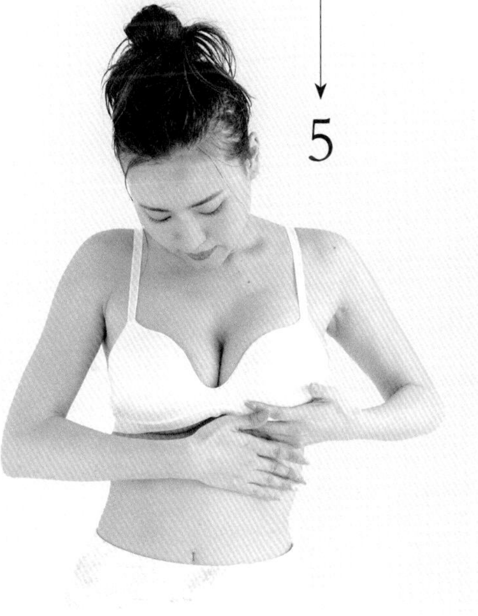

專心地將脂肪集中

溫和地
給予胸部刺激，
同時也能集中脂肪

將右手手掌貼在左胸外側，放上左手後溫柔地向中間推。兩手就這樣往下移動到左胸下方，將胸部由下往上抬起。兩手放到胸部的中央，往外側壓。這是為了能讓左邊背後和腹部的脂肪能夠聚集在胸部的按摩。另一邊也以同樣方式進行。

Column 3 要從體內變美！方法就是天然有機

我很喜歡吃東西，平常也不會特別忌口或是控制食量，肉類、魚類、甜點來者不拒。不過現在世界上充斥化學添加物、基因改造食品、農藥殘留等等問題，許多食物也含有以上對身體不太好的成分，所以我會盡可能地不讓這些東西進入體內……。因此我在挑選食物上，會盡量選擇天然有機。

天然有機就是指使用有機栽培、有機農法等方式種植，一般來說就是不使用農藥和化學肥料，以有機肥料等培育生產的農產品、畜牧產品、加工品。在日本的認證中，不認可所有基因改造的農產品或是加工品。此外，還有加工品的原料要有95%以上是有機農產品或是不含化學添加物等條件。

要以這樣嚴格的條件去挑選實在很困難。所以只要選擇標有「天然有機」的食品就很簡單！當我發覺這個方式簡單多了以後，都盡量用這方法去選擇吃下肚的東西。

尤其是不以化學物質種植、只以原本的土壤與原料培育出來的農產品，完全凝縮了作物原本的甜味或鮮味，特別好吃！食用安心又美味的食物，我想能改變的不僅僅是外貌，而是由內往外都會變美。

結語

女人生產過後，身體的曲線和胸部曲線都會變形，其實就算沒有生育過，也會有胸部太小或太大、下垂、形狀不好看等問題，許多女性都抱持著與胸部有關的煩惱。「對自己的胸部很有自信！」這樣的女性又有多少呢？很遺憾，我想這樣的人少之又少。

到目前為止，幾乎沒有以鍛鍊身體為基礎、並主打「持續運動後能使胸部變美」的概念。即使有，也是「透過訓練大胸肌使胸部變得厚實」這種比較偏向男性需求的目的，至少我自己是沒看過有以「打造出渾圓且看似柔軟的胸部」為訴求的鍛鍊方法問世。

有鑑於此，我便想著就由我來打造這個運動方法吧！如此下定決心後，我多次進行實驗、嘗試錯誤，以自己的身體不斷測試，在實驗完成的時刻，我的身材也發生改變了。

因哺乳而讓我變得自卑的胸型，透過鍛鍊得以重生，變成大家口中所說的「美胸」。

儘管偶爾也會被懷疑是不是動過手術，不過這是貨真價實的、如假包換的自然胸部（笑）。仔細分析，我的胸部上半部幾乎都由肌肉構成。能夠這樣，都是大胸肌變緊實，且有力量將胸部往上提的結果。

我因鍛鍊而有了健康的身體，並消除了自卑感，改變了我的人生。雖然即使到現在，我也絕對稱不上是鍛鍊狂，但這一輩子我都沒有打算要放棄，因為我想要帶著理想的身體度過我的人生。

本書最想傳達給讀者的觀念是——即使不喜歡鍛鍊身體、就算提不起勁，但總之持續進行的話，身體肯定會有所變化。已經放棄的人，也請務必嘗試看看，即便是像我一樣經歷過谷底的人生，也肯定會有所改變。

如果能成為讓更多女性變漂亮的幫手，那我也會非常開心。

相良　梢

書籍設計 ———— 番 洋樹
內文版型 ———— 鈴木知哉
構成 ———— 君塚麗子
照片 ———— 鈴木七絵、三宅史郎
髮妝 ———— 高取篤史（SPEC）、Hachi
服裝協力 ———— AMOSTYLE（Triumph）

伸展 × 按摩 × 姿勢回正
打造女神級完美曲線

2020年5月1日初版第一刷發行

譯　者　黃嫣容
責任編輯　魏紫庭
美術編輯　黃瀞瑢
發 行 人　南部裕
發 行 所　台灣東販股份有限公司
＜網址＞http://www.tohan.com.tw
法律顧問　蕭雄淋律師
香港發行　萬里機構出版有限公司
＜地址＞香港北角英皇道499號北角工業大廈20樓
＜電話＞（852）2564-7511
＜傳真＞（852）2565-5539
＜電郵＞info@wanlibk.com
＜網址＞http://www.wanlibk.com
http://www.facebook.com/wanlibk
香港經銷　香港聯合書刊物流有限公司
＜地址＞香港新界大埔汀麗路36號
中華商務印刷大廈3字樓
＜電話＞（852）2150-2100
＜傳真＞（852）2407-3062
＜電郵＞info@suplogistics.com.hk

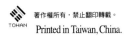